环北部湾广东水资源配置工程取水口取水防沙水力学关键技术问题研究

蓝霄峰　樊锐　张金明　张艳　编著

中国水利水电出版社
www.waterpub.com.cn
·北京·

内 容 提 要

环北部湾水资源配置工程是中央确定建设的战略性重大工程，是国务院批准的《全国水资源综合规划》《珠江流域综合规划》确定的流域重大水资源配置工程。取水口及取水泵站能否安全有效运行是工程成败的关键问题之一。本书总结作者多年从事环北部湾广东水资源配置工程物理模型试验工作的主要研究成果，从西江水沙特性、水力学基本理论、泥沙运动基本理论及物理模型设计与制作等方面对工程河段泥沙变化进行研究和探讨，结合整体河工定床、动床模型试验及单体模型试验，详细介绍了环北部湾广东水资源配置工程水工模型试验的成果和经验，为工程建设提供一定的技术依据。

本书适合工程技术人员学习交流，同时也是在校及科研单位研究人员一本很好的参考书。

图书在版编目（CIP）数据

环北部湾广东水资源配置工程取水口取水防沙水力学关键技术问题研究 / 蓝霄峰等编著. -- 北京 : 中国水利水电出版社, 2025. 7. -- ISBN 978-7-5226-3557-6

Ⅰ. TV213.4

中国国家版本馆CIP数据核字第202504JF92号

书　　名	**环北部湾广东水资源配置工程取水口取水防沙水力学关键技术问题研究** HUAN BEIBU WAN GUANGDONG SHUIZIYUAN PEIZHI GONGCHENG QUSHUIKOU QUSHUI FANGSHA SHUILIXUE GUANJIAN JISHU WENTI YANJIU
作　　者	蓝霄峰　樊　锐　张金明　张　艳　编著
出版发行	中国水利水电出版社 （北京市海淀区玉渊潭南路 1 号 D 座　100038） 网址：www. waterpub. com. cn E-mail：sales@mwr. gov. cn 电话：(010) 68545888（营销中心）
经　　售	北京科水图书销售有限公司 电话：(010) 68545874、63202643 全国各地新华书店和相关出版物销售网点
排　　版	中国水利水电出版社微机排版中心
印　　刷	北京中献拓方科技发展有限公司
规　　格	184mm×260mm　16 开本　10.25 印张　249 千字
版　　次	2025 年 7 月第 1 版　2025 年 7 月第 1 次印刷
印　　数	001—200 册
定　　价	**88.00** 元

前 言

西江是珠江流域的主干，发源于云南省曲靖市乌蒙山余脉的马雄山东麓，自西向东流经云南、贵州、广西、广东4省（自治区）。西江中上游植被覆盖率高，水土流失率低；同时，西江中游修建多座大型调节性梯级水库，其中有已建成的龙滩、百色、岩滩和大藤峡水利枢纽等，这些梯级水利枢纽造成河道泥沙更容易在库区落淤、减少泥沙向下游输移，西江这些特点使其成为含沙量小的河道。

取水口防冲防淤一直是国内外众多水利工作者关注的问题，取水工程的建设改变原来河道流量、水流的流速、泥沙的输移规律，导致水动力及泥沙运动变得复杂，所以，运营期中如何解决分流水力学问题、取水防沙等都非常值得研究。这些研究主要集中在含沙量较大的河道，比如包头某取水泵站为黄河岸边泵站，取水口轴线与黄河主流呈90°，为侧向垂直进水，水流不仅产生平面回流，同时出现强烈的横向环流，并且造成横轴旋涡，导致取水口处底层流速大于表层流速，带动推移质向取水口移动，进而导致渠道淤积，为了阻止取水口前淤积泥沙和推移质泥沙入渠，采取了在泵站取水口前设置了拦沙坎等措施。但是，对于西江这样含沙量小的河流，很多工程都不考虑泥沙淤积问题，为此目前对西江取水口防冲防淤研究相对较少，能直接指导工程建设的研究成果更少。环北部湾广东水资源配置工程为国家重点水利项目，取水口作为整个项目的关键工程，其安全稳定的运行对整个水资源配置工程起到非常重要的作用，为此，对取水口进行深入研究十分必要。

本书参考了西江流域大量研究成果，基于实测水文、地形和泥沙等资料，采用整体和单体物理模型试验相结合的方法，对环北部湾广东水资源配置工程水动力、泥沙输移、对航道影响及减淤措施进行研究和探讨。全书共5章，汇总了作者采用的理论基础及近些年来的主要研究成果。第1章，主要介绍珠江流域及工程河段的基本概况，阐述工程河段水文及泥沙特性。第2章，主要阐述西江的水沙运动特性，从泥沙形成、运动基本原理到工程河段河道演变进行全面论述。第3章，主要介绍本次研究采用物理模型原理、制作方法及设备。第4章，全面介绍环北部湾广东水资源配置工程整体河工模型试验，研究工程前后工程附近河道水位、流速、流态及泥沙变化，对航道等影响。第5

章，在整体河工模型试验在基础上，进一步采用单体模型对工程附近泥沙淤积进行研究，本章全面介绍不同方案情况下工程的淤积情况。

本书第一章和第五章第一节至第五节由中水珠江规划勘测设计有限公司张艳编写；第二章由珠江水利委员会珠江水利科学研究蓝霄峰编写；第三、第四章由中水珠江规划勘测设计有限公司樊锐编写；第五章第六节至第七节由珠江水利委员会珠江水利科学研究张金明编写。本书撰写过程中，得到了珠江水利委员会珠江水利科学研究院余顺超副院长、何用所长、胡晓张所长、刘诚所总工、王建平主任，中水珠江规划勘测设计有限公司刘元勋总工程师、王盟副总经理等人的关心和帮助，在此一并表示衷心感谢。

鉴于西江泥沙运动、工程运行工况及工程河段水动力、局部泥沙输移规律的复杂性及作者水平所限，书中难免有不妥及错误之处，敬请读者批评指正。

编者

2025 年 5 月

目录

第一章　概　况

珠江流域，又称珠江流域片，包括珠江流域、韩江流域、澜沧江以东国际河流（不含澜沧江）、粤桂沿海诸河，涉及云南、贵州、广西、广东、湖南、江西、福建、海南等8省（自治区）和香港特别行政区、澳门特别行政区，多年平均水资源总量5201亿m^3，占全国的18.3%，居全国第二。珠江由西江、北江、东江、珠江三角洲诸河组成，其中西江最长，通常被称为珠江的主干。

第一节　珠江流域自然环境

一、珠江流域水系概况

珠江是我国七大江河之一，南方最大的河流。珠江流域是一个复合流域，由西江、北江、东江及珠江三角洲诸河等四个水系所组成，总面积45.37万km^2，其中我国境内面积44.21万km^2，另有1.16万km^2在越南境内。主要河道概况如下。

1. 西江

西江发源于云南省曲靖市乌蒙山余脉的马雄山东麓，干流自西向东流经云南、贵州、广西、广东4省（自治区），至广东省三水区思贤滘西滘口，全长2075km，平均坡降0.58‰，流域面积353120km^2。西江干流自上而下包括南盘江、红水河、黔江、浔江、西江河段，主要支流有北盘江、柳江、郁江、桂江及贺江等。

(1) 红水河：红水河河段始于南盘江和北盘江汇合的蔗香双江口，至广西象州县石龙三江口止，全长659km，平均坡降0.366‰，区间集水面积54870km^2。红水河河道弯曲，礁石嶙立，滩多流急，两岸峭壁，河床质多为石质。来宾城区以上河段两岸多山地，来宾以下为丘陵区，河道两岸分布有台地，具有山区河流特征。红水河自桥巩枢纽以下至石龙三江口为Ⅴ级航道。

受天然节点控制，该河段岸线整体较稳定。遥感影像表明，1999—2006年，河道边滩、江心洲形态及位置变化不大，河势较稳定。2006—2016年，由于龙滩、桥巩等水利枢纽建成，下游水沙条件发生变化，迁江镇至来宾市段河道江心洲和边滩有所冲刷，但幅度不大；来宾市至象州三江口段岸线整体较稳定。局部河段河势变化显著，来宾市柳南高速桥上游约8.6km处及下游流经蓬莱洲后，河道缩窄显著；大湾乡上游牛口附近河段，河道经两次约90°急转后明显缩窄，形成卡口。

(2) 黔江：黔江河段从石龙三江口起，至桂平县郁江口止，全长122km，平均坡降0.065‰，区间集水面积2210km^2。三江口至武宣县城段长约50km，河道穿过马岭山峡，至武宣平原。武宣县城以下，过勒马后，河道两岸高山夹峙，为峡谷河段，水流湍急，河床以基岩为主，具有山区河流特征。峡内水深在枯水时仍达85m，为西江水流最深处。黔江现航道维护等级为Ⅴ级（单线）。

该河段枯水期两岸石质洲滩出露，河道狭窄，水流紊乱湍急，丰水期过流断面展宽，大部分边滩消失。整体来看，受两岸天然节点控制，1999—2014年，该河段洲滩位置及形态变化不大，岸线较稳定。大藤峡水利枢纽位于黔江下游，水库建成后黔江段河宽将显著展宽，局部河段存在塌岸风险，受两岸天然峡谷、石质河岸控制，黔江段河势将继续保持稳定。

（3）浔江：浔江河段从桂平县郁江口起至梧州市桂江口止，全长172km，平均坡降0.097‰，区间集水面积20570km^2。浔江河段两岸，峡谷多而短，地势较平坦。局部河段急转，束窄显著，其中状元河汇入河段河道转角超过90°，河宽缩窄形成卡口；人和镇西河口河段束窄也较为显著。浔江为Ⅱ级双线航道。

从河道平面变化来看，该河段属于长洲水利枢纽回水淹没区，河宽受长洲水利枢纽影响显著。2007年长洲水利枢纽建成前，河段岸线受堤防（平南、藤县城区）及高山峡谷天然河岸控制，河势较为稳定，平面变化小。长洲水利枢纽建成后，该河段河道成为库区，水面宽度增大，岸线向河道两侧推移，过流断面增大。通过分析1988年、2010年地形数据，该河段纵向变化主要表现为整体冲刷下切，宽深比减小。该河段河势变化受长洲水利枢纽建设影响较大，但仅限于工程运行初期，之后随着河流自然调节，浔江河段河势将保持整体稳定。

（4）西江：西江河段自梧州起至广东省三水区思贤滘西滘口止，河段长208km，平均坡降0.086‰，区间集水面积43860km^2。西江河段河宽700～2000m，水流平稳，两岸为丘陵台地。西江梧州—界首为Ⅱ级航道，界首—思贤滘为Ⅰ级航道。

西江河段大部分河道两岸抗冲击能力较强，局部河段存在不稳定因素，约51处，涉及岸线总长43.36km，如云浮市郁南县都城大堤、罗旁镇建城河、云安县城。肇庆市封开县车地，德庆县六水、回龙镇政府、德庆县城、马圩河、悦城镇，高要区上围村、大湾镇、金渡镇，鼎湖区广利镇、永安镇、青岐镇河段及佛山市南海区九江镇附近河段都存在不同程度的水流顶冲、深槽迫岸、堤脚冲刷、基础不稳、河岸崩塌等现象，为险工险段。

桂江口至郁南县城段，河道宽阔，河岸抗冲击能力强，且建有堤防，河势较为稳定。西江郁南县至肇庆段，该河段相对顺直，除德庆、云安县城建有堤防外，其他河段两岸崇山峻岭，抗冲击能力强，岸线整体稳定。冲淤方面，2007—2012年，由于河段过度采砂，河床下切显著；2012—2014年，深泓摆幅较小，基本保持稳定。

肇庆至思贤滘段，受堤防及高山峡谷控制，岸线较为稳定。深泓于1999—2007年局部摆动显著，2007—2014年整体保持稳定。

2. 郁江

郁江发源于云南广南县境内的杨梅山，在广西邕宁与左江汇合后始称郁江，流至广西桂平汇入浔江，全长1152km，平均坡降1.43‰，集水面积89691km^2（境内面积78145km^2），包括上游的左江、右江及中下游的郁江干流部分。郁江、左江崇左至南宁段、右江航道全线均为Ⅲ级航道。

（1）左江：崇左市以下为左江下游，河道蜿蜒曲折，河宽较小，有多处急转。河道两岸多低山和台地，河床质多为卵石与石质混合或石质，河床抗冲刷能力强，具有山区河流特性。该河段河道演变主要表现为洲滩冲刷，河道展宽。崇左至扶绥县河段，1999 年，洲滩密布；2006 年，由于扶绥县上游山秀水电站建成蓄水，形成水库淹没区，大部分洲滩消失，河道展宽；2006—2015 年，该河段河势保持稳定。扶绥县以下河段，1999—2006 年，该河段江心洲、边滩的形态及位置变化不大，河势保持稳定；2006—2014 年，该河段局部河道宽度有所增大，大部分江心洲及边滩冲刷殆尽。总体上讲，崇左至扶绥县河段，由于山秀水电站建成蓄水河道展宽显著；扶绥县以下河段大部分江心洲及边滩冲刷，随着河流自然调节作用，河道将保持冲淤平衡的态势。

（2）右江：右江为丘陵山区河流，顺直与弯曲河段相间分布，河床质多为卵石或卵石夹沙。百色以上河段两岸有高山，为峡谷河段；百色以下左岸多丘陵，分布有台地，右岸主要为山丘。平果县城段及雁江镇那坝附近河段河道急转后显著缩窄，流向转角约为 145°、90°。另外，河道流经金陵镇明显缩窄。东笋水电站至那吉航运枢纽段，由于受两岸天然节点控制，该河段岸线基本保持稳定，2005—2016 年，那吉航运枢纽建成（2008 年），该河段为水库淹没区，河道展宽显著，洲滩几乎都被淹没。那吉航运枢纽至鱼梁航运枢纽段，上段那吉至田东河道蜿蜒曲折，多处河道急转，下段田东以下为顺直微弯河段，河岸多为基岩及粘土沉积物组成，河道侧蚀受限。鱼梁航运枢纽至宋村三江口段，上段鱼梁至那厘右江特大桥段，河道较为顺直，下段那厘右江特大桥至宋村三江口河道蜿蜒曲折，洲滩分布较少，受天然节点控制，岸线较为稳定。该段百色水文站断面 1976—2001 年变化主要表现为河床下切。总体上，右江河段 1999—2005 年岸线整体较为稳定；2005—2016 年，局部洲滩冲刷，河道有所展宽，局部河段下切，但是受抗冲击河岸的控制，河势整体变化不大，今后将继续保持稳定。

（3）郁江：郁江宋村三江口至桂平河段流经低山和丘陵区，河谷宽敞，其中贵港以上河段两岸多低山，贵港以下以丘陵和平原为主，水流较平缓。河道零星分布有少量的江心洲，几乎无边滩发育，河势整体较为稳定。宋村三江口至南宁市青秀区河段横穿南宁市区，弯道较多，上段有石质浅滩发育，洪枯水期水面落差较大，河床凹凸不平，后经整治，该河段河势较为稳定。青秀区至贵港市瓦塘乡，该河段主要流经山区丘陵，受天然节点控制，河势较为稳定。20 世纪 90 年代中期西津水利枢纽建成，横县上游附近河段为水库淹没区，河道展宽，水流漫过部分峡谷，形成库区水面。瓦塘乡以下至桂平段，河道蜿蜒曲折，社步镇附近河段形成几字型河道，多处急转，受两岸天然节点控制，岸线整体保持稳定。

3. *柳江*

柳江发源于贵州省独山县上里腊村的九十九滩，由西向东南流至象州县石龙镇三江口与红水河汇合后注入黔江，全长 750km，平均坡降 1.7‰，集水面积 58520km^2。柳江凤山镇至三江口段为柳江中下游河段，属低山丘陵平原区。沿河两岸低山丘陵与台地平原相间，河岸地质部分为水成岩，部分为黏土，河岸稳定，河谷较开阔，河床宽窄悬殊。河道在柳州城区以上多丘陵台地，柳州城区以下多低山，右岸在鹿寨县以下分布有台地。柳江新圩至红花枢纽段航道为红花枢纽库区，现该航段已被渠化为深水库区航道，通航条件优良。红花水电站至石龙三江口段为Ⅳ级航道。

柳江河势总体上较为稳定，导江乡以上河段河道相对弯曲，凤山镇下游约10km及洛清江口上游约3.5km处河道急转，河床缩窄，流向转角约为90°、145°，形成卡口河段，另外局部岸段存在少量崩岸，其河道的演变与航道整治及红花水利枢纽建设密切相关。

凤山镇至红花水利枢纽段，蜿蜒曲折，受天然节点控制，河势整体较为稳定，上游河段有所展宽。2006年红花水利枢纽建成后，该段为库区淹没段，河道岸线向两岸外推，边滩消失，江心洲面积萎缩，河道展宽显著；2006—2016年，河势趋于稳定。

红花水利枢纽至石龙三江口段属低丘平原河流，共有大小滩险27处。沿河两岸丘陵与台地平原相间，河岸地质部分为灰岩，部分为黏土，岸线基本稳定。1999—2006年，该段边滩及江心洲有所淤积发育，上段缩窄较为显著，下段相对稳定；2006—2016年，河道平面变化主要受航道整治影响，且红花水利枢纽建成后，水沙条件有所变化，河道趋于冲刷展宽，边滩及江心洲冲刷萎缩。总体上，柳江河势变化与航道整治及水利工程修建相关，库区轻微淤积、下游轻微冲刷，随着航道整治，河床将继续下切。

4. 北江

北江发源于江西省信丰县石碣大茅山，至思贤滘北滘口与西江汇合后进入珠江三角洲网河区，全长468km，平均坡降0.26‰，集水面积46710km²。北江为Ⅳ级航道标准，飞来峡至思贤滘段，河流转向平缓，局部河段存在不稳定因素，共9处，涉及岸线总长7.9km，如清城区清远大桥附近河段、石角镇附近弯道河段、新丰、高岗、芦苞镇、黄塘村河段不同程度存在水流顶冲、深槽迫岸、基础不稳、堤脚冲刷等现象。

飞来峡至清远城区段，由于清远水利枢纽建设，岸线有所蚀退，河道展宽，滃江出口段两岸丁坝等控导工程的修建，导致河道边滩有所发育。纵向冲淤来讲，该河段1999—2004年呈冲刷趋势，河床平均下切1.51m；滃江口至清远城区段受天然石质河岸控制，河势较为稳定，河床整体冲刷下切约1.36m。

清远城区至思贤滘段，为飞来峡峡口以下的展宽河段，洲滩密布，滩槽分化显著，河势较为复杂，是冲淤变化最为剧烈河段，河道下切显著，河道容积大幅增加。从平面变化来讲，河道演变主要表现为洲滩的消长变化。纵向冲淤来讲，受航道整治和采砂等人为活动影响，1999年以来河道呈持续下切趋势，平均下切深度3.76m。

5. 东江

东江发源于江西省寻邬县的桠髻钵山，南流至龙亭附近进入广东省，抵龙川县合河坝汇安远水（贝岭水）后始称东江，流经广东省东莞市石龙镇；东江石龙以下河段亦称东江北干流，经石龙以北，向西流至新家埔，纳增江后，至白鹤洲转向西南，流入狮子洋。石龙以上干流全长520km，平均坡降0.39‰，集水面积27040km²；石龙以下干流全长42km，平均坡降0.47‰。石龙是东江北干流和东江南支流的分汊点，是东江来水来沙在东江三角洲网河区分配的一级分流节点。东江河源至惠州段为Ⅴ级航道，惠州至石龙段达到Ⅳ级，石龙以下东江北干流段按Ⅳ级航道标准维护。

东江顺直与弯曲河段相间，河道在河源市紫金县古竹镇，惠州市博罗县观音阁镇，惠城区横沥镇、惠州市区段产生急弯，在惠城区芦洲、潼湖镇附近，东莞市石龙镇分流口处河段河宽明显缩窄，形成卡口河段。局部河段不稳定，共20处，涉及岸线总长29.45km，如河源市源城区三王坝下游，惠州市博罗县观音阁镇新下塘附近、蓝田镇，惠城区东园村、仍图镇区、横沥镇区、上马寮村、惠州疏港大桥上游、黄村、新屋仔等河段，宋屋洲附近左右岸，博罗县白莲湖、黄屋、龙叫，东莞市东平东江大桥下游左岸、赤坎、鲤鱼洲左岸河段均有不同程度的深槽迫岸、堤脚冲刷等现象，为险工险段。

河源市区至博罗县观音阁河段河道平面变化主要表现为洲滩淤连，河道有所束窄，洲滩淤连并岸，支汊消失，河道束窄显著；纵向冲淤方面，河道深泓线平面整体稳定，河岸的山体节点和两岸较发育的坝田淤积浅滩形成的低河岸对河势有较好控制作用，该河段两岸及江心洲的变化并不明显。

博罗县观音阁至东莞市石龙段由于建有堤防，河道形态基本保持稳定。受采砂影响，部分洲体消失或萎缩，局部河宽有一定增加。冲淤演变方面，该河段深泓线摆动较为显著，深泓纵向变化表现为整体下切，局部淤浅。2002—2015 年，河段总体呈冲刷状态，河床平均下切约 1.96m。

石龙以下河段相对顺直，受堤防建设控制，岸线整体较为稳定，深泓线平面形态及高程整体保持稳定。局部河段不稳定，共 2 处，涉及岸线 3km，如石龙镇、沙腰下游附近河段均有不同程度的深槽迫岸，堤脚冲刷等现象，为险工险段。纵向冲淤来讲，2002—2015 年，河段沿程呈交替冲淤变化，整体呈现冲淤平衡状态。石龙附近河道在 2002 年前平均下切约 4m，之后保持基本稳定。

6. 三角洲河段

珠江三角洲水系包括西、北江思贤滘以下和东江石龙以下水系及入注三角洲的中、小河流，总集水面积 26820km^2，其中三角洲 9750km^2。思贤滘连通西江和北江，是西北江来水来沙进入三角洲网河区的一级分流节点，天河、南华是上游来水来沙在网河区再分配的二级分流节点。上述两个节点对于西、北江三角洲网河区的分水分沙至关重要。

三角洲西江干流：三角洲西江干流从思贤滘西滘口起，向南偏东流至江门市蓬江区棠下镇天河顶，全长 57.51km，称西江干流水道；天河顶至新会区大鳌镇百顷头，长 27.5km，称西海水道；从百顷头至珠海市洪湾企人石，长 54km，称磨刀门水道。三个河段全长 139km，平均坡降－0.048‰，统称为西江河口段。三角洲西江干流为Ⅰ级航道。

该河段平面整体变化不大，岸线较为稳定。局部河段存在不同程度的水流顶冲、深槽迫岸、堤脚冲刷、基础不稳、河岸崩塌等现象。从冲淤角度讲，整体上冲刷切深，幅度从上游到下游逐渐增大，深泓平均下切约 1.3m，河床断面宽深比减小，容积增大。思贤滘附近河段大体呈现滩淤槽冲的现象，下游河段北江主干河道 1980—1999 年下切幅度远大于西江主干，1999 年后西江主干河道下切幅度则明显大于北江主干河道。天河、南华分流口附近河道呈现滩淤槽冲的特点，变化较为剧烈，下游东海水道在 20 世纪 80 年代以来下切幅度远大于西海水道。

三角洲北江干流：三角洲北江干流从思贤滘北滘口至佛山市南海区紫洞，称北江干流水道，长 25km；紫洞至佛山市顺德区张松上河，称顺德水道，长 48km；从张松上河至广州市番禺区小虎山淹尾，称沙湾水道，长 32km。三个河段全长 105km，平均坡降 0.0534‰。三角洲北江干流为Ⅲ级航道。

该河段河道平面变化不明显，岸线较为稳定。从纵向冲淤来看，近期演变整体以冲刷下切为主，自上而下冲刷幅度逐渐减小，其中三角洲北江干流思贤滘至紫洞河段冲刷最严重。2014年较1978年，河道平均下切约5.0m。

二、珠江流域水文气象

（一）径流特性

珠江流域地处热带、亚热带气候区，径流量相对丰富，珠江年水资源总量为3360亿m^3，出海河川径流量为3260亿m^3；其中西江2380亿m^3，北江395亿m^3，东江229亿m^3，珠江三角洲256亿m^3（含流溪河、潭江、增江）。

（二）暴雨特性

珠江流域位于我国南部低纬度热带、亚热带季风区，地域广阔，气候复杂，北部为中亚热带湿润气候，其余大部分地区属南亚热带湿润气候。形成流域暴雨的主要天气系统有锋面、低压槽、低压、低涡、切变线、低空急流及热带气旋等。锋面主要活动于4—6月，低压槽造成的暴雨也多发生于此间；低压、低涡、切变线主要活动于春夏季，往往同时出现，所产生的暴雨，量大、面窄、历时短，多与其他天气系统配合才能产生持续性暴雨；低空急流多位于西太平洋副热带高压边缘；热带气旋主要发生在7—9月。由于流域广阔，东部与西部、南部与北部以及上、下游之间的地面高程差异较大，地形、地貌变化复杂，气候及降雨、暴雨量级的差异和沿程变化极为明显。

珠江流域冬季处于极地大陆高压边缘，盛行偏东北季风，为干季，暴雨较少；春夏季水汽丰沛，暴雨多、强度大；秋季是过渡期，降雨量和暴雨频次都迅速减少。前汛期4—6月，流域内大部分地区以锋面、低槽暴雨为主，暴雨次数约占全年暴雨次数的58%，后汛期7—9月则以台风雨居多，前、后汛期均可能发生稀遇暴雨，但高量级暴雨多发生在前汛期。

流域内的一次暴雨过程一般历时7d，雨量主要集中在3d，3d雨量约占7d雨量的80%～85%，暴雨中心的3d雨量可占场暴雨总量的90%。

珠江流域的暴雨量由东向西递减，且山地多、平原河谷少，暴雨高值区多分布在较大山脉的迎风坡。流域东部的云开大山、云雾山、天露山及莲花山为珠江流域与沿海诸河的分水岭，是东南及西南暖湿气流的第一道屏障，最大3d雨量一般达500～800mm，为流域的暴雨高值区；流域中部的桂南十万大山、桂东北、桂北诸山脉和桂中大瑶山、莲花山、东风岭等山脉迎风坡暴雨高值区，最大3d雨量一般为400～700mm；流域西部的暴雨量级和范围均小于东部，3d雨量高值区在黔南诸山脉的迎风坡及云南罗平、贵州罗甸等区域，最大3d雨量一般为200～300mm，分布较为分散。

流域暴雨主要由地面冷锋或静止锋、高空切变线、低涡和热带气旋等天气系统形成，强度大、次数多、历时长。暴雨多出现在4—10月（约占全年暴雨次数的58.0%），大暴雨或特大暴雨也多出现在此期间。一次流域性的暴雨过程一般历时7d，而雨量主要集中在3d，3d雨量占7d雨量的80%～85%、暴雨中心地区可达90%。

暴雨空间分布差别明显，雨量通常由东向西递减，一般山地降水多，平原河谷降水少，降水高值区多分布在较大山脉的迎风坡。一年中日雨量在50mm以上的天数，东江、北江中下游平均为9～13d，桂北和桂南为4～8d，滇、黔为2～5d，滇东南为1～2d。

暴雨强度的地区分布一般是沿海大、内陆小，东部大、西部小。由于特定的自然环境和地形条件，流域暴雨的强度、历时皆居于全国各大流域的前列。绝大部分地区的24h暴雨极值都在200mm以上，暴雨高值区最大24h雨量可达600mm以上，最大3d降雨量可超过1000mm。如柳江“96·7”大暴雨，其中心最大24h降雨量达779mm（再老站），最大3d降雨量达1336mm。

（三）洪水特性

珠江流域的洪水由暴雨形成，由于暴雨覆盖面积广、强度大，加之流域多山地，缺乏湖泊调蓄，因此，洪水汇流速度较快，峰高、量大、历时长。暴雨特性及地形地貌等自然条件的不同，导致流域内的不同水系、干流与支流的洪水特性互有差异。

1. 西江

西江水系的洪水多发生在5—10月，由于流域面积大，干、支流的发洪时间差异明显。一般情况下，支流桂江的洪水出现最早，较大洪水多发生在4—7月，柳江次之，一般发生在5—8月，红水河在6—9月，郁江洪水出现最晚，多在6—10月。西江的较大洪水往往由几场连续暴雨形成，具有峰高、量大、历时长的特点，一次较大的洪水过程一般历时30～40d，多为复峰型。西江下游梧州站调查最大洪峰流量为54500m^3/s（1915年7月），实测最大洪峰流量为52900m^3/s（1998年6月）。

西江的较大洪水主要来自中上游的黔江。据实测资料统计，西江干流梧州站的年最大30d洪量的平均组成情况为：黔江武宣站以上来量占64.2%，大于其所占流域面积比，支流郁江（贵港站）占21.5%，小于面积比，桂江（马江站）占6.9%，大于面积比，其余区间占7.4%，小于面积比。

（1）红水河：红水河流域内岩溶地貌较为发育，分布广，洼地较多，漏斗及暗河较多，流域内较大洪水大部分由大暴雨所致。受锋面、低压和低涡暴雨天气影响，有时候受两种以上系统交替作用，共同影响。洪水多发生在4—8月，洪水特点是过程历时长，峰型较胖，涨幅较大，洪量大，涨洪历时一般持续3～5d，洪峰持续时间约3～6h。

（2）黔江：黔江流域受锋面、低压和低涡暴雨天气影响，有时候受两种以上系统交替作用，共同影响。洪水多发生在6月、7月、8月，尤以6月、7月大洪水发生的概率最大。受流域山区地形地理特性和上游柳江与红水河遭遇，黔江流域洪水特性表现为洪水历时长，洪峰量大，连续多峰，陡涨陡落。

（3）浔江：浔江河床深切，坡降较缓，洪水过程变化一般较缓慢，大洪水的涨洪历时平均约为7d，洪峰持续时间与洪水组合有关，一般在12h以上。

（4）西江：西江较大洪水多发生在5—8月。较大洪水往往由几场连续暴雨形成，具有峰高、量大、历时长的特点，洪水过程以多峰型为主，下游控制断面梧州水文站的多峰型洪水过程约占80%以上。一次较大的洪水过程一般历时30～40d，年最大场次洪水的洪量平均值一般占年径流量的27%，最高可达48%。

2. 郁江

（1）左江：左江发源于越南与广西交界的枯隆山，上游河床切割深，水面坡度大，水流较急，左江干流平均坡降0.366‰，流域地势大致西北向东南倾斜，上游有大青山山脉及十万大山，中下游在丘陵地区，左江降雨集中在6—9月，形成本流域暴雨的主要天气系统是锋面低涡和台风，台风雨强度大，往往造成灾害性洪水，其洪水特性是涨势迅猛、峰高量大。

（2）右江：右江河道弯曲，百色以上河道流经山岭地区，坡度很陡，切割深，水流急，河谷深窄。右江下颜河段的洪水，具有一定的季节性，5—6 月由锋面雨造成，大洪水和特大洪水多发生在 7—9 月，主要由台风雨造成。

（3）郁江：郁江流域洪水是由暴雨形成的，洪水出现的规律与暴雨地区分布规律基本一致，郁江洪水主要出现在 7—9 月，主要由台风雨造成，洪水特点是峰高量大、涨势迅猛，持续时间 7～10d。

3. 柳江

柳江流域内受地理山区地形的制约及季风环流的影响。柳江属雨源型河流，汛期暴雨多引发洪水。由于流域形状成扇形，有利于地面径流的汇集，流程相对较短，涨洪历时一般 2～3d，洪峰持续时间平均约 2h，洪水过程陡涨陡落，峰高量大。

柳江干流，天然落差 1306m，平均比降 1.68‰，年均流量 1865m^3/s。柳江径流量以柳州站为代表，多年平均径流量 410 亿 m^3，径流深 871.0mm，汛期 4—9 月径流量 335 亿 m^3，占全年 81.9%。平均含沙量为 0.11kg/m^3，侵蚀模数 92.4t/km^2，是西江水系 4 大支流中含沙量最少的支流。

柳江年径流量变化周期性不明显，以柳州水文站为代表，1946—1949 年是一段多水时期，历年稍高于多年平均径流量 410 亿 m^3，1949 年最大径流量达 588 亿 m^3；1950—1975 年，以少水年为主，多水年亦交替出现；其中少水年达 18 年，除 1968 年 589 亿 m^3 外，1962—1975 年为连续少水年，最少 1963 年为 222 亿 m^3，最大与最小水年差值达 333 亿 m^3，相当多年均值的 0.80 倍。1976—1979 年又是多水与少水交替时期；1979—1990 年出现连续枯水周期，个别年份出现异常，1988 年出现特大洪水，柳州站从 8 月 22 日 2 时水位开始上涨，连续出现 4 次洪峰，至 1988 年 8 月 31 日 8 时出现最高洪峰，最高洪水位达 89.04m，洪峰流量 26600m^3/s，为中华人民共和国成立以来最大洪水，总涨水历时 222h，洪水总过程 19d，洪水总涨幅达 18.44m。仅仅这段时间，径流量达 212.5 亿 m^3，约占多年平均径流虽的 51.6%，开创了柳州水文站有记录以来的最大值。

4. 北江

北江位于南岭山脉的迎风坡，北江的较大洪水主要发生在 5—7 月，洪水峰高量不大，历时相对较短，具有山区性河流的洪水特点。洪水过程以单峰和双峰为多，多峰型过程较少出现。一次连续降雨（3～5d）所形成的洪水过程历时 7～20d。北江洪水主要来自横石以上地区，由于流域面积小，一次较大的降雨过程几乎可以笼罩整个流域，加之流域坡降较陡，主要支流与干流的交汇口相距较近，因此，横石以上的干、支流洪水常常遭遇。横石以下支流的发洪时间多早于干流，较少发生与干流洪水遭遇的情况。北江下游防洪控制断面石角站调查历史洪水的最大归槽洪峰流量为 22000m^3/s（1915 年 7 月洪水），实测洪水系列中，最大归槽洪峰流量为 19000m^3/s（1982 年 5 月洪水）。在石角站年最大 15d 洪量中，横石站的来量平均占 84.0%，区间占 16.0%。

5. 东江

东江是珠江流域第三大水系，东莞石龙以上流域面积为 2.70 万 km^2，占珠江流域总面积的 6.0%。东江洪水一般出现在 5—10 月，以 6—8 月最为集中，洪水涨落较快，一次洪水过程历时约 10～20d，多为单峰型。东江洪水主要来自干流河源以上，由于流域面积较小，干、支流洪水发生遭遇的机会较多。自 1959 年建成新丰江水库、1973 年建成枫树坝水库和 1985 年建成白盆珠水库后（三库控制流域面积占下游防洪控制断面博罗站以上面积的 46.4%），流域的洪水特性已发生很大改变，三库联合调洪可使下游博罗站 100 年一遇的洪峰流量由 14400m^3/s 降低为 11670～12070m^3/s，接近 20 年一遇的洪峰流量 11200m^3/s，因此，东江中下游的洪水已基本得到控制。东江下游防洪控制断面博罗站历年实测最大洪峰流量为 12800m^3/s（1959 年 6 月）和 10200m^3/s（1966 年 6 月），还原后分别为 14100m^3/s 和 14300m^3/s。

第二节　工程河段天然情况

一、自然地理

环北部湾广东水资源配置工程从珠江流域西江干流云浮段取水，通过输水管线沿途输水至云浮、茂名、阳江、湛江等地，输水线路总长约 477km，将粤西四市串联起来，受水区面积超 4 万 km^2，惠及 4 市 2400 多万人。工程设计流量 92.5m^3/s，年供水量 16.32 亿 m^3，工程由 1 条干线、3 条分干线组成。

环北部湾广东水资源配置工程主要涉及西江中下游右岸区域，取水口位置如图 1.2.1 所示，西江中下游属低山丘陵地带，河谷开阔，呈 U 形河床，沿岸山峦起伏，支流众多，水系分散。自高要羚羊峡以下，逐渐进入西北江三角洲平原网河区。

图 1.2.1　取水口所在河道河势分布

二、河道概况

西江干流从界首至肇庆大桥段长 171km，主要支流从上游到下游依次是贺江、罗定江、马圩河、悦城河、新兴江、南山河。西江河段水量充沛，水流平缓，水面宽约 1000～1200m，枯水期有感潮现象。

贺江为西江左岸一级支流，发源于广西富川县，从广西贺县流入广东省封开县，于封开县江口镇汇入西江。全流域集水面积为 11536km^2，河长 352km，在省境内集水面积 3091km^2，河长 104km。河床平均比降 0.47‰。封开县大部分、怀集县一个区，及清远市的连山、连南的小部分属贺江流域。

罗定江又称南江，系西江右岸一级支流，发源于茂名市信宜县的鸡笼山，从信宜流入罗定县，经云浮，在郁南县南江口流入西江。流域集水面积 4493km²，河长 201km，河床平均比降 0.87‰。罗定江支流众多，共有 15 条集水面积超过 100km² 的支流汇入。

马圩河属西江一级支流，发源于德庆县大录山南。集雨面积 660km²，河长 55km，总落差 698m，平均坡降 3.71‰，河口为新圩上栏。主要支流沙河又称官圩河，发源于德庆县八仙顶。集雨面积 299km²，河长 39km，总落差 103.6m，平均坡降 5.74‰，在马圩合石处与马圩河汇合。河口段受西江洪水倒灌严重。

悦城河属西江一级支流，发源于德庆禾叉顶。集雨面积 877km²，其中有 43.4km² 由广宁县流入，9.97km² 由高要市流入，河长 82km，总落差 798m，平均坡降 1.62‰。已建中型水库有黄铜降、河涝坪。河口为德庆悦城水口。100km² 以上的支流有四约水。

新兴江发源于新兴县的天露山（海拔 1250m），南与漠阳江流域相接。流域集雨面积 2355km²，河长 145km，河床平均比降 0.98‰。由南向北流经新兴、云城和高要市，在高要新江口汇入西江。

南山河又称大降水，是贯穿云城区的唯一河流，发源于云安县茶洞禾昌顶东（海拔 696m），从西南向东北流经云安县和云城区，在云城区都骑镇的降水出口注入西江。沿途主要有大降坑水、高峰水和云楼水汇入。流经境内的集雨面积为 255km²，干流河长 46km，主河道平均坡降为 0.315%，上游坡度较陡，云城至下游出口段河床较缓，平均坡降为 1.74%，多年平均流量 5.74m³/s，多年平均径流量 1.81 亿 m³，主河道天然落差 101m。

三、工程河段水文特征

1. 径流特征

梧州水文站位于西江干流与支流桂江汇合口以下约 3km 处，位于工程上游约 60km 处，集水面积 327006km²。梧州水文站设立于 1900 年，由前梧州海关设站观测水位，1940 年 9 月由前珠江水利局接办，继续观测水位、流量，中华人民共和国成立后由珠江水利工程总局接收继续观测。梧州站的基本水尺断面 1967 年以前有几次变动，1967 年以后断面位置不变。

本研究河段的径流特征主要表现在以下几个方面：

（1）西江较大洪水往往由几场连续暴雨形成，具有峰高、量大、历时长的特点，洪水过程以多峰型为主，据梧州站实测资料统计，多峰型洪水过程约占 80%以上。一次较大的洪水过程历时 30～40d，其中，涨水历时 5～10d，退水历时 15～20d。在一场洪水过程中，最大 7d 洪量一般占场次洪水总量的 30%～50%，15d 洪量占 60%以上，而最大 30d 洪量一般占年总水量的 20%～30%，最大可达 40%。

（2）径流年内分配不均，季节差异较大西江流域径流主要由降雨形成，流域内干、支流的洪、枯水期出现与降雨时空分布具有同一规律性，汛期为 5—10 月，枯水期为 11 月至次年 4 月，径流年内分配主要集中在汛期，以 6 月为最大。

工程上游梧州站逐月特征流量（最大、最小、平均值）年内分配情况如图 1.2.2 所示，统计结果表明，其年内分配，汛期水量占年总量的 78.0%，其中 6—8 月最大，占 51.0%，枯水期 11 月至次年 4 月仅占年总量的 22%，其中 1—3 月为最枯，只占 9.0%。

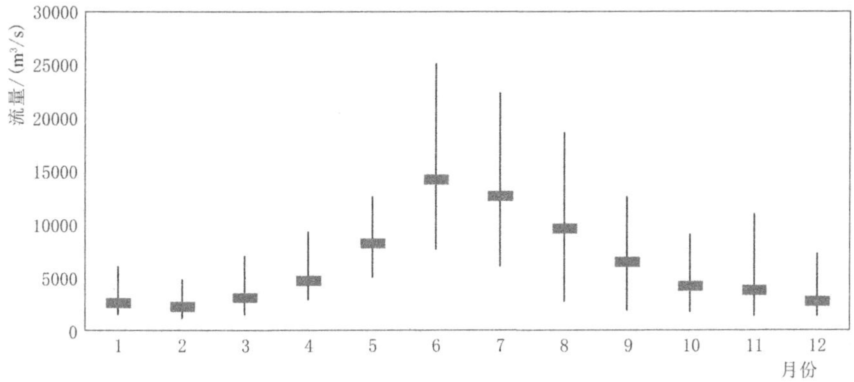

图 1.2.2 梧州水文站 2000—2019 年逐月流量（最大、最小、平均值）

（3）径流年际变化较小，年极值变化较大。梧州站 1980—2019 年的年平均流量如图 1.2.3 所示，年平均流量基本围绕着多年平均值变动，多年来基本稳定，年际变化较小。统计结果表明，梧州站 1980—2019 年多年平均流量为 6331m^3/s，最大年平均流量为 9625m^3/s（1994 年），最小年平均流量为 3845m^3/s（2011 年），最大年平均流量为最小年平均流量的 2.50 倍。径流近期年极值统计结果表明，梧州站年最大流量为 53700m^3/s（2005.6.22），最小流量为 804m^3/s（1999.3.28），最大值为最小值的 66 倍，最大与最小流量相差较大。

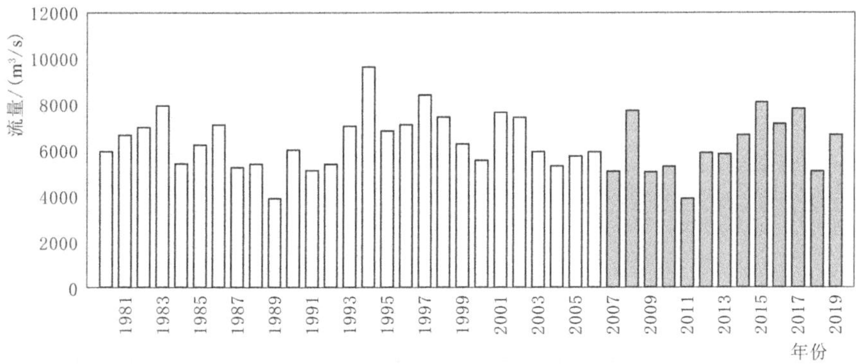

图 1.2.3 1980—2019 年梧州站年平均流量统计图

根据梧州水文站 2000—2019 年水位流量资料统计结果（见表 1.2.1）显示，梧州水文站多年平均水位为 6.91m，多年平均最高水位为 20.17m，多年平均最低水位为 2.53m。实测最高洪水水位发生在 2005 年 6 月 23 日，为 27.48m，相应洪水流量为 51700m^3/s，实测最低枯水水位发生在 2010 年 2 月 23 日，为 1.60m，相应枯水流量为 670m^3/s。2015 年以来，年最小流量不小于 1500m^3/s。

依据 1980—2019 年统计资料，梧州水文站特征水位变化如图 1.2.4 所示，长洲枢纽运行后水位较之前相比，总体呈下降走势。可以看出，1980—2003 年，梧州水文站最低水位一般在 3.0～3.7m 波动，而 2004 年以来，西江来水量偏枯，最低水位降至 3.0m 以下，到 2012 年降至最低，仅有 1.38m。此后受径流量和珠江流域枯水期压咸补淡统一调度的影响，最低水位有一定的回升。

表 1.2.1　　梧州水文站水位流量统计资料

年份	平均水位/m	最高水位/m	发生时间/(年-月-日)	最低水位/m	最小流量/(m^3/s)	发生时间/(年-月-日)
2000	7.32	21.29	2000-06-14	3.11	1160	2000-02-12
2001	8.50	22.77	2001-06-14	3.34	1330	2001-01-12
2002	8.50	24.13	2002-06-19	3.65	1660	2002-01-12
2003	7.32	18.40	2003-06-30	3.54	1810	2003-12-03
2004	6.43	23.38	2004-07-23	2.52	902	2004-01-29
2005	6.58	27.48	2005-06-23	2.80	1140	2005-03-13
2006	7.01	21.03	2006-07-20	2.63	920	2006-02-07
2007	6.51	19.40	2007-06-11	2.74	1170	2007-12-19
2008	8.11	24.84	2008-06-15	2.92	1330	2008-03-17
2009	6.19	21.85	2009-07-07	1.73	656	2009-12-14
2010	6.46	18.78	2010-06-22	1.60	670	2010-02-23
2011	5.10	14.28	2011-05-15	1.60	720	2011-12-08
2012	6.34	17.22	2012-06-25	1.38	979	2012-01-04
2013	6.40	17.69	2013-08-20	2.50	1540	2013-02-15
2014	6.81	16.97	2014-06-08	2.09	1320	2014-02-06
2015	7.76	19.21	2015-06-17	2.37	1540	2015-01-02
2016	7.14	19.81	2016-06-18	2.65	1650	2016-10-17
2017	7.11	23.10	2017-07-04	2.30	1680	2017-01-08
2018	5.76	12.07	2018-07-10	2.39	1760	2018-02-17
2019	6.64	19.74	2019-07-16	2.41	1810	2019-11-19
平均值	6.91	20.17		2.53	1287	

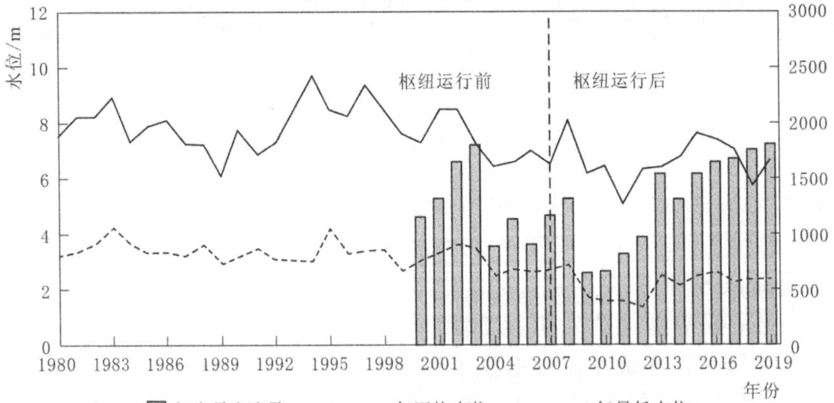

图 1.2.4　梧州水文站最高、最低水位历年变化

本工程设计提供的西江各取水口天然径流设计成果、洪峰流量及对应水位设计成果、地心取水口水位流量关系见表 1.2.2～表 1.2.5。

表 1.2.2　　西江各取水口天然径流设计成果表

断面	集水面积/km^2	均值		各级频率/%						
		亿 m^3	m^3/s	10	20	50	80	90	95	97
				径流设计值/亿 m^3						
西江埇口	343020	2228	7060	2764	2562	2203	1879	1723	1601	1526
西江地心	343030	2228	7060	2764	2563	2203	1879	1723	1602	1526
西江下埇	343035	2228	7060	2765	2563	2203	1879	1723	1602	1526
西江下迭	343190	2229	7070	2766	2564	2204	1880	1724	1603	1527
西江沙辽	348868	2270	7200	2809	2607	2245	1919	1761	1639	1562

表 1.2.3　　西江各取水口河段设计洪峰流量成果表

取水口	各级频率/%							
	0.33	0.5	1	2	5	10	20	50
	设计洪峰流量/(m^3/s)							
沙辽	57500	55800	52900	50500	49700	45000	37900	31300
下迭	57500	55800	52900	50500	49700	45000	37900	31300
下涌	57500	55800	52900	50500	49700	45000	37900	31300
地心	57500	55800	52900	50500	49700	45000	37900	31300
涌口	57500	55800	52900	50500	49700	45000	37900	31300

表 1.2.4　　西江各取水口设计洪峰流量对应水位成果表

取水口	各级频率/%							
	0.33	0.5	1	2	5	10	20	50
	设计洪峰流量对应洪水位/m							
沙辽	22.54	22.19	21.59	21.07	20.89	19.78	17.68	15.39
下迭	24.31	23.96	23.36	22.75	22.53	21.22	18.98	16.73
下涌	25.27	24.91	24.29	23.59	23.35	21.93	19.61	17.28
地心	25.39	25.03	24.42	23.73	23.49	22.06	19.76	17.47
涌口	25.66	25.31	24.69	24.00	23.76	22.36	20.08	17.75

表 1.2.5　　地心取水口水位流量关系成果表

防洪线（考虑设计水面线）		综合线		低水线	
H/m	Q/(m^3/s)	H/m	Q/(m^3/s)	H/m	Q/(m^3/s)
1.24	1000	0.83	1280	0.30	1130
1.87	1700	1.35	2230	16.53	42000
2.40	2200	1.87	3240		
2.92	2800	2.40	4250		

续表

防洪线（考虑设计水面线）		综合线		低水线	
H/m	Q/(m^3/s)	H/m	Q/(m^3/s)	H/m	Q/(m^3/s)
3.44	3350	2.92	5260		
3.97	3950	3.44	6270		
4.49	4640	3.97	7280		
5.01	5320	4.49	8290		
5.54	6000	5.01	9300		
6.06	6800	6.06	11320		
6.58	7500	7.11	13340		
7.11	8300	8.15	15360		
7.63	9100	9.20	17380		
8.15	9900	10.25	19400		
8.68	10700	11.30	21420		
9.20	11460	12.34	23440		
9.72	12350	13.39	25540		
10.25	13200	14.44	27840		
10.77	14150	15.48	30270		
11.30	15000	16.53	32690		
11.82	15900	17.58	35070		
12.34	16800	18.62	37720		
12.87	17800	19.67	40510		
13.39	18800	20.72	43800		
13.91	19800	21.76	48000		
14.44	20850	22.81	52800		
14.96	22000	23.86	57400		
15.48	23200	24.91	63000		
16.53	25800				
17.58	28510				
18.62	31600				
19.67	34760				
20.72	38150				
21.76	41940				
22.81	45920				
23.86	50330				
24.91	55520				
25.95	61000				

2. 水位特性

（1）德庆站水位特征。德庆站1968—1985年仅实测了汛期4—10月水位，11月至次年3月缺测，统计德庆站1968—2008年各年的月平均水位，各个年代取平均值得到20世纪50年代、60年代、70年代、80年代、90年代及2000—2008年等各年代的月平均水位见表1.2.6。由表中可知，从汛期平均水位看，2000—2008年4—10月平均水位较以前都有了较为明显的下降，2000—2008年4—10月汛期平均水位为4.78m，与20世纪70年代比较下降1.84m；从年平均水位值看，2000年以后年平均水位也要比以前下降一些，2000—2008年年平均水位为3.21m，比20世纪90年代下降了0.95m。

表1.2.6 **德庆站各年代各月平均水位表** 单位：m

年代	1月	2月	3月	4月	5月	6月	7月	8月	9月	10月	11月	12月	4—10月平均	年平均水位
1968—1969				4.37	6.38	9.48	12.10	11.30	6.19	3.13			7.56	
20世纪70年代				3.69	7.10	8.33	9.21	8.12	6.31	3.61			6.62	
20世纪80年代				2.87	5.74	7.39	6.93	6.59	5.68	3.14			5.48	
20世纪90年代	0.86	0.83	1.33	3.14	4.83	8.70	11.02	8.27	4.82	3.14	1.97	1.03	6.27	4.16
2000—2008	0.81	0.71	1.03	1.78	4.14	8.73	7.74	6.07	3.21	1.82	1.65	0.87	4.78	3.21

（2）高要站水位特征。统计高要站1956—2008年各年的月平均水位，各个年代取平均值得到20世纪50—90年代及2000年以后等各年代的月平均水位见表1.2.7。从表中可以看出，20世纪80、90年代的月平均水位较以前都有了较为明显的下降，特别是2000—2008年，年平均水位为1.51m，与20世纪70年代比较下降1.37m。

表1.2.7 **高要站各年代各月平均水位表** 单位：m

年代	1月	2月	3月	4月	5月	6月	7月	8月	9月	10月	11月	12月	多年平均水位
20世纪50年代				3.00	4.52	7.01	5.27	5.24	4.41	3.26			4.67
20世纪60年代				3.22	4.28	5.21	6.19	5.94	4.12	3.05	3.95		4.50
20世纪70年代	0.54	1.43	0.89	2.01	4.44	5.67	5.91	5.05	4.07	2.28	1.58	0.65	2.88
20世纪80年代	1.00	1.04	2.03	2.11	3.80	4.29	3.36	3.63	2.90	2.07	1.42	1.15	2.41
20世纪90年代	0.50	0.64	1.07	1.75	2.59	4.99	6.44	4.79	2.09	1.98	0.75	0.46	2.35
2000—2008	0.35	0.33	0.47	0.83	1.81	4.32	3.70	2.74	1.38	0.89	0.80	0.43	1.51

3. 潮汐与潮流特征

珠江三角洲的潮汐属不规则半日潮，日潮不等现象显著，1d内两次高潮和两次低潮的潮位均不相等，月内有朔望大潮和上下弦小潮，径流量和热带气旋对潮位有很大影响，高低潮年际变化不大。工程段以径流动力为主，枯节受潮汐影响，统计高要水文站1986—2005年的高低潮位资料，多年最低潮位为−0.56m，潮差不大，平均为0.3m，沿程自上游至下游呈逐渐递增趋势。其历时的特征是：落潮历时大于涨潮历时，落、涨潮历时比自下游至上游有递增的趋势，越往上游，涨潮历时越短，落潮历时越长。潮量的年内变化：涨潮量是汛期小，枯季大；落潮量则相反。涨落潮量的年际变化不大，但近年来受采砂等人类活动的影响，潮汐上溯，纳潮量有增大趋势。西江潮区界、潮流界和咸水界的界限随洪枯水及季节而变，“三界”变化范围见表1.2.8。

表 1.2.8　　西江“三界”变化范围表

项目	潮区界	潮流界	咸水界
洪水期	外海	灯笼山	拦门沙（石栏洲南）
枯水期	梧州（鸡笼洲）	三榕峡	挂定角

四、工程河段泥沙特征

(一) 泥沙特征

西江具有含沙量小、径流量大、输沙总量大、年内分配极不均匀、年际变化较大及以悬移质输沙方式为主的特点。郁江、浔江、西江流域内植被较好，河流含沙量较小，属少沙河流，据梧州水文站历年资料统计，多年平均含沙量为 0.281kg/m^3，但由于西江水量丰沛，多年平均水量达 2100 亿 m^3，多年悬移质输沙量达 5910 万 t，是广西境内输沙量最大的河流。梧州水文站平均含沙量的年变化可分为两个阶段（如图 1.2.5 所示）：自 1993 年开始，年平均含沙量一直在 0.25kg/m^3 以下；自 2003 以后年平均含沙量低于 0.12kg/m^3，2012 年仅为 0.024kg/m^3，为多年平均水平的 20%。区域来沙的年内过程与径流过程大体相同，多年最大月输沙量出现于 6 月，最小月输沙量出现于 1 月。输沙量年内分配极不均匀，来沙主要集中在汛期，汛期 5—10 月来沙量占全年来沙量的 96.2%以上。

近年梧州水文站悬移质年均含沙量、输沙率逐年变化过程见图 1.2.5～图 1.2.8。可见，自 2000 年以来，最大年均含沙量 0.219kg/m^3（2001 年），最小年均含沙量 0.024kg/m^3（2012 年）。

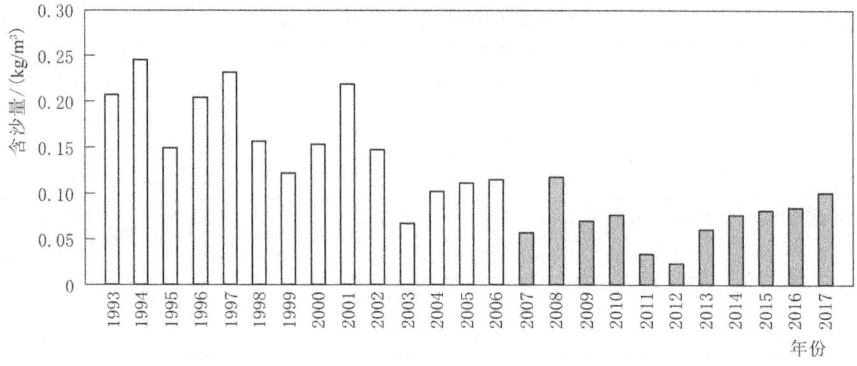

图 1.2.5　近年梧州水文站悬沙年均含沙量变化

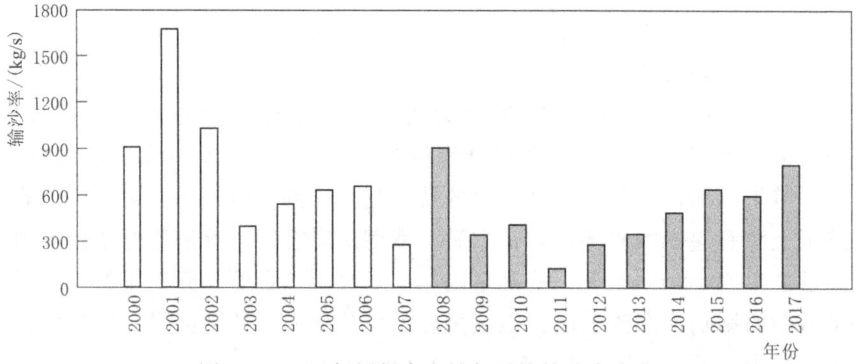

图 1.2.6　近年梧州水文站年平均输沙率变化

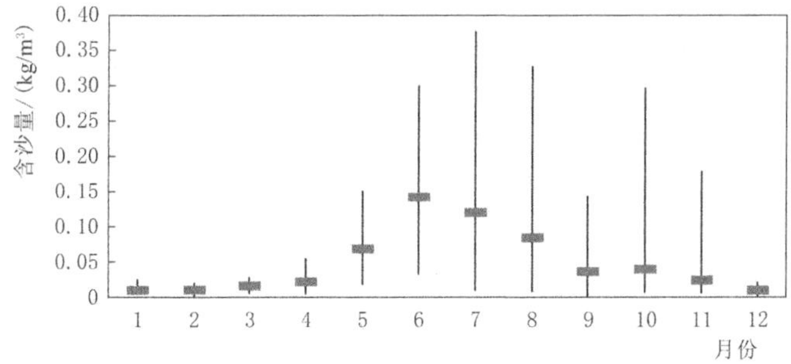

图 1.2.7　2000—2019 年梧州水文站月平均含沙量年内分布

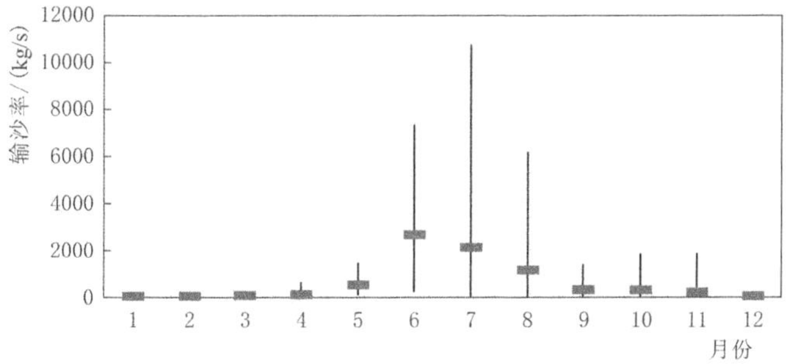

图 1.2.8　2000—2019 年梧州水文站输沙率年内分布

表 1.2.9 为悬移质颗粒级配成果，表 1.2.10 为设计提供的西江地心断面多年平均悬移质泥沙成果，表 1.2.11 为悬移质泥沙各粒径组硬矿物含量。

表 1.2.9　悬移质颗粒级配成果表

测站	粒径级/mm										粒径/mm	
	0.0025	0.005	0.007	0.01	0.025	0.05	0.1	0.25	0.5	1		
	小于某粒径的沙重百分数/%										最大	中数
鲤鱼洲	9.66	15.03		33.36	54.5	69.88	80.57	94.99	100		0.5	0.021
海心沙	10	14.86		33.63	53.93	69.88	80.47	94.55	100		0.5	0.022

表 1.2.10　西江地心断面多年平均悬移质泥沙成果表

项　目	西江地心/(kg/m³)		项　目	西江地心/(kg/m³)	
	1960—2015 年	2003—2015 年		1960—2015 年	2003—2015 年
1 月	0.017	0.009	10 月	0.124	0.042
2 月	0.020	0.008	11 月	0.049	0.030
3 月	0.030	0.015	12 月	0.019	0.009
4 月	0.091	0.018	多年平均含沙量/(kg/m³)	0.261	0.078
5 月	0.185	0.066	输沙率/(kg/s)	1802	494
6 月	0.373	0.135	年平均流量/(m³/s)	6734	6158
7 月	0.427	0.097	年输沙量/万 t	5687	1558
8 月	0.290	0.061	备注	—	推荐采用
9 月	0.195	0.037			

表 1.2.11　　悬移质泥沙各粒径组硬矿物含量表

粒径组/mm	>0.25	0.25～0.10	0.10～0.075	<0.075
硬矿物含量/%	44.5	36.9	37.5	12.2

(二) 床沙组成

1. 第一次取样成果

珠江水利科学研究院于 2021 年 7 月 14 日在工程段河道两侧选取了 10 个点进行河床表层泥沙取样及分析，取样点为图 1.2.9 中 A1～A10，底沙级配曲线见图 1.2.10，中值粒径统计见表 2.4.4。

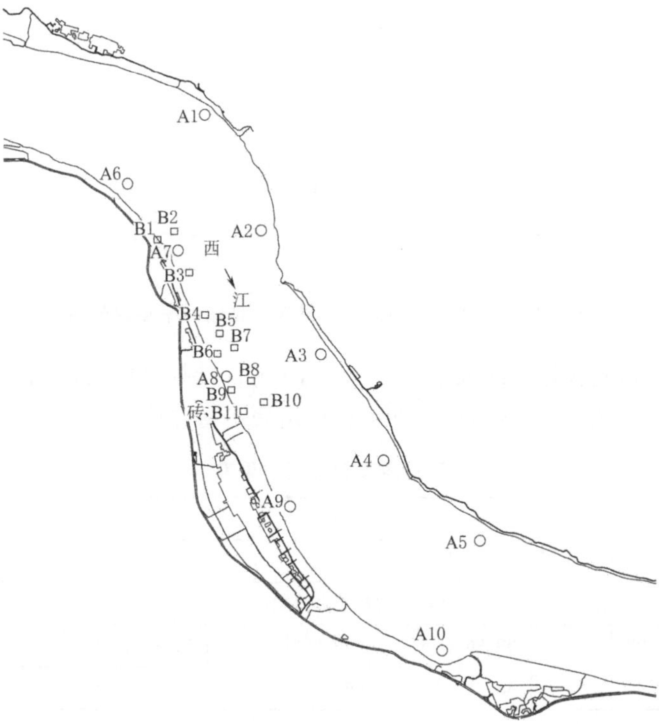

图 1.2.9　河床底沙取样点（○为 7 月取样点，□为 9 月取样点）

7 月 1—8 日取水河段发生洪峰流量为 $21900m^3/s$ 洪水，取样当天取水河段日平均流量为 $4960m^3/s$。工程段左岸岸边附近底沙中值粒径为 0.45～2.45mm，河床覆盖层以中粗砂为主；右岸岸边附近底沙中值粒径为 0.11～0.23mm，属于细沙。底沙分布趋势呈左岸粗右岸细的特征，基本满足洪水河道左冲右淤的特征。

2. 第二次取样成果

2021 年 9 月 14 日重点对取水口前端水域进行了河床表层泥沙取样及分析，取样点为图 1.2.10 中 B1～B11，底沙级配曲线如图 1.2.11 所示，中值粒径统计见表 1.2.12。

取水口所在的右岸底沙中值粒径在 $D_{50}=0.4\sim2.8mm$，工程所在的河道右侧水域河床底质主要以中沙、粗沙以及极粗砂为主，同时伴有小卵石（与当地渔民了解，卵石多为渔民采贝壳后丢弃物），底沙级配较为宽泛，推移质泥沙运动较为复杂。

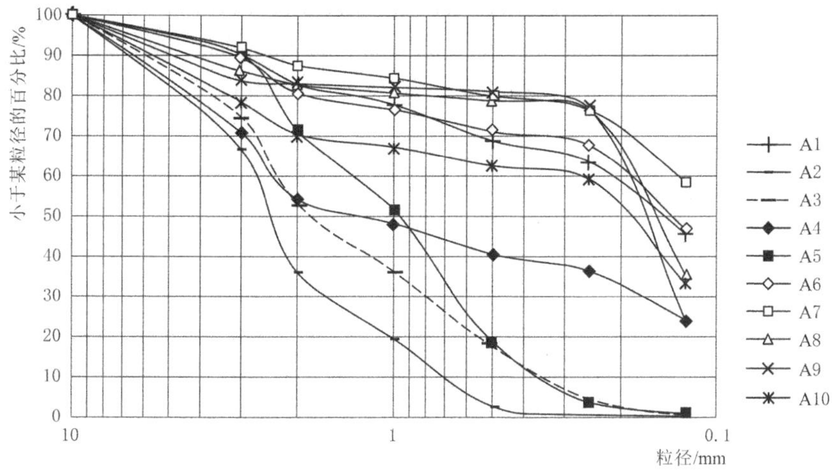

图 1.2.10 2021 年 7 月 14 日采样底沙粒径级配曲线

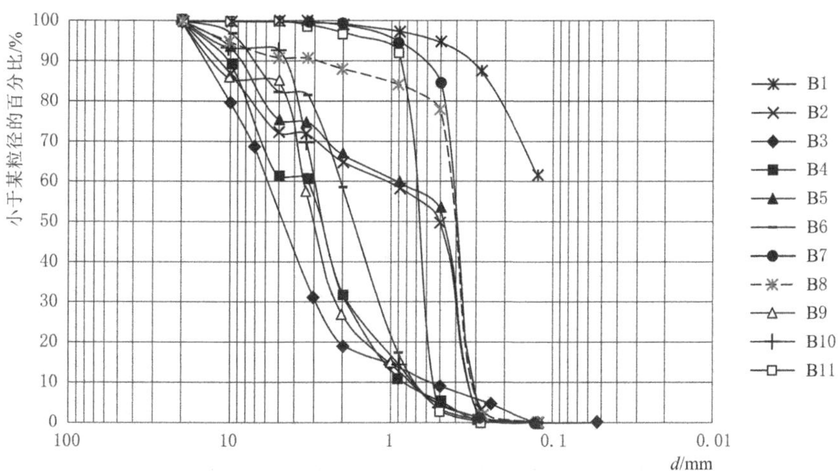

图 1.2.11 2021 年 9 月 14 日采样底沙粒径级配曲线

表 1.2.12 2021 年各取样点泥沙中值粒径 单位：mm

测点号	A1	A2	A3	A4	A5	A6	A7
中值粒径	0.45	2.45	1.87	1.43	0.96	0.15	0.11
测点号	A8	A9	A10	B1	B2	B3	B4
中值粒径	0.16	0.18	0.19	0.10	0.50	4.65	2.75
测点号	B5	B6	B7	B8	B9	B10	B11
中值粒径	0.50	1.75	2.78	0.42	1.78	2.69	0.72

3. 第三次取样成果

2022 年 8 月 10 日对取水口前端水域进行了河床表层泥沙取样及分析（2022 年工程段

共发生 4 次编号洪水，最大洪水流量 38900m³/s)，取样点如图 1.2.12 所示，取样样品如图 1.2.13 所示，底沙级配曲线如图 1.2.14 所示，中值粒径统计见表 1.2.13。

取水口所在的右岸底沙中值粒径在 $D_{50}=1.69\sim2.73$mm。

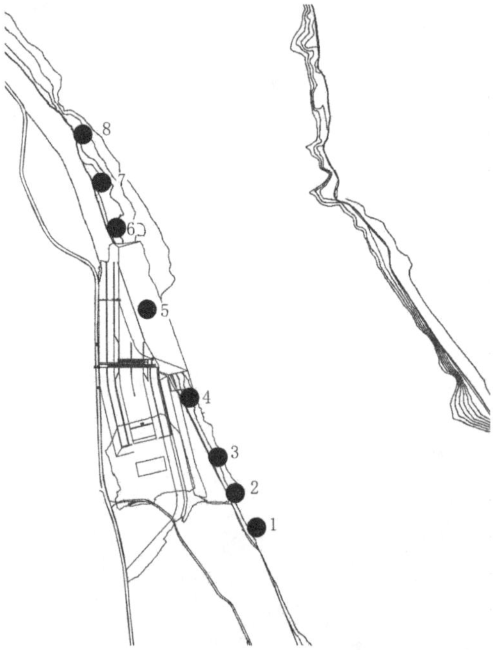

图 1.2.12 2022 年 8 月 10 日河床表层泥沙取样点

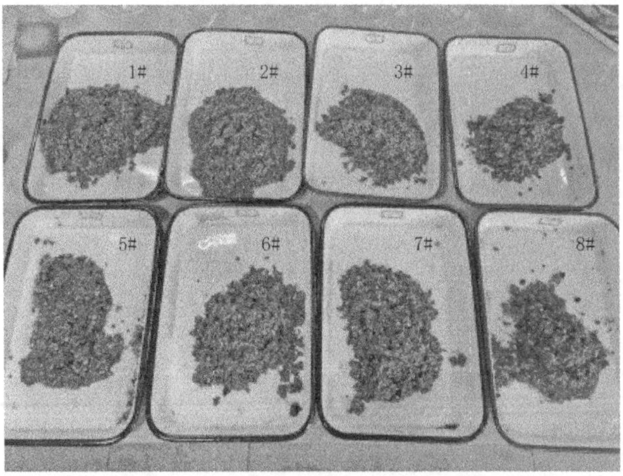

图 1.2.13 2022 年 8 月 10 日底沙取样样品

表 1.2.13 **2022 年各取样点泥沙中值粒径** 单位：mm

测点号	1	2	3	4	5	6	7	8
中值粒径	1.83	1.69	1.76	2.73	2.18	2.58	2.16	2.45

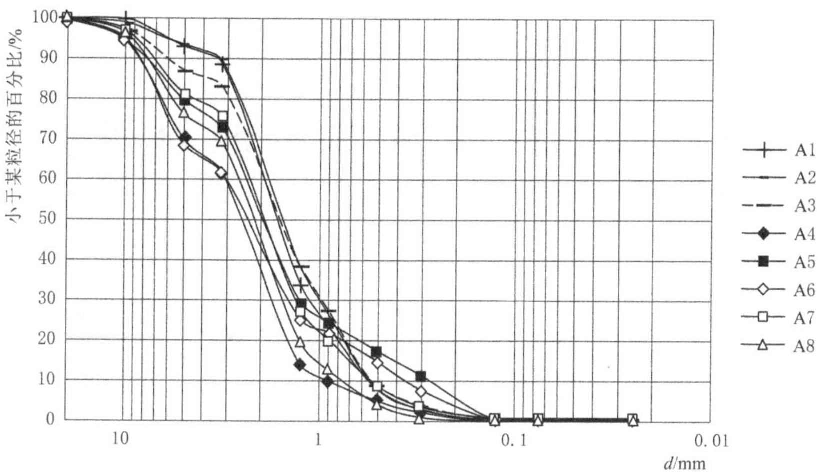

图 1.2.14　2022 年 8 月 10 日采样底沙粒径级配曲线

4. 床沙取样小结

对三次取样分析认为，2021 年 7 月 14 日取样中右岸工程附近河床覆盖层中的细沙属于 7 月 5 日洪水后的落淤；2021 年 9 月 14 日取样中覆盖层中较粗的泥沙由前期洪水带来；2022 年 8 月 10 日取样中覆盖层中较粗的泥沙同样由前期洪水带来。由此可见，工程附近河床常年应以中粗砂覆盖为主。

第二章 西江水沙运动特性

第一节 泥沙的形成和性质

一、河流泥沙来源

泥沙来源于岩石风化，因此河流泥沙的最根本来源是岩石的风化。

就河流形成的整个历史过程来看，河流中运动的泥沙是从流域地表冲蚀而来的，即河流泥沙是土壤侵蚀或称水土流失的结果。所谓土壤侵蚀是指在地表层内，外营力及人类生产活动作用下，地表土壤及其母质发生的侵蚀、输移及沉积的过程。它可分为自然侵蚀与加速侵蚀。自然侵蚀是在天然或无人类活动下发生的地表侵蚀，其土壤流失速率小于土壤成土速率。也即是在人类前的地史时期，在构造运动等所造成古地形基础上进行的侵蚀作用。加速侵蚀是人类生产活动所引起的侵蚀，其土壤流失速率大于土壤成土速率。土壤侵蚀的方式可分为水力侵蚀、重力侵蚀、风力侵蚀、溶解侵蚀等，而一般以水力侵蚀和重力侵蚀最为突出。

流域地表的侵蚀，与气候、土壤、地形地貌及人类活动等因素有关。在我国，流域的水量大部分由降水汇集而来，土壤侵蚀本身存在着较密切的水沙关系。土壤结构松散，植物覆被差，水土流失就比较严重。我国土壤侵蚀最严重的地区是黄河中游的黄土高原、永定河和西辽河流域，其输沙量模数 $M>1000\text{t}/(\text{km}^2\cdot\text{a})$。这一数值相当于地面每年普遍冲掉 0.6mm 的厚度。这一地区中，尤以陕北的窟野河、无定河、延河流域为最大，其输沙量模数达 $M\approx10000\text{t}/(\text{km}^2\cdot\text{a})$，相当于地面每年普遍冲掉 6mm 的厚度。而在我国南部省份，虽然也有暴雨，但土壤结构密实，植物覆被较好，所以其输沙量模数多在 $1000\text{t}/(\text{km}^2\cdot\text{a})$ 以下。地形对流域的侵蚀，亦起着重要的作用。坡度大则地面径流下渗量小，汇流速度大，侵蚀作用随之增大，侵蚀量也随坡长的增大而增加。

从流域地表侵蚀下来的泥沙，经过河流的搬运作用，大部分汇流入海，但也有不少沉积在低洼湖泊地带。我国几条大河（包括珠江）的河口及湖泊地区，都属于堆积区。

从流域地表冲蚀下来的泥沙数量，通常用每平方千米地面每年冲蚀若干吨泥沙来衡量，称为侵蚀模数，也称输沙模数。表 2.1.1 及表 2.2.2 是我国及国外一些主要河流水沙特征值的统计资料。

二、泥沙的矿物成分与分类

（一）泥沙的矿物成分

泥沙来源于岩石风化，风化岩石的矿物成分决定泥沙的矿物成分；不同的风化方式对岩石矿物成分的影响程度不同，因此风化方式也影响泥沙的矿物成分。

表 2.1.1　全国主要河流多年平均水沙特征值统计

河流	测站	集水面积 /km^2	流量 /(m^3/s)	径流量 /亿 m^3	含沙量 /(kg/m^3)	输沙量 /万 t	输沙模数 /[t/(km^2·a)]
松花江	哈尔滨	390526	1190	376	0.161	680	17.4
辽河	铁岭	120764	(165) 92.1	(52.1) 29.1	(6.84) 4.52	(4070) 1310	(336)
永定河	官厅	42500	(43.1) 40.8	(13.6) 12.9	(60.9) 5.03	(8070) 647	(1900)
黄河	陕县	687869	1350	426	36.90	157000	2290
	三门峡	688421	1280	404	33.10	134000	
	花园口	730036	1470	464	27.80	129000	1770
	利津	751869	1370	431	25.60	110000	1470
无定河	白家川	29662	44.7	14	128	18200	6090
渭河	华县	106498	272	85.8	49.30	42300	3970
淮河	蚌埠	121330	788	249	0.450	1260	104
长江	宜昌	1005501	14300	4510	1.180	51400	512
	汉口	1488036	23400	7392	0.610	43000	289
	大通	1705383	28900	9110	0.530	46800	274
金沙江	屏山	485099	4600	1451	1.670	24000	495
岷江	高场	135378	28900	896	0.560	4950	366
嘉陵江	北碚	156142	4600	666	2.340	15700	1010
湘江	湘潭	81638	2840	644	0.180	1140	139
汉江	黄家港	95217	2110	(388) 329	(2.44) 0.037	(10100) 121	(1060)
赣江	外洲	80948	2040	660	0.170	1110	137
闽江	竹歧	54500	1750	553	0.140	740	136
西江	梧州	329705	6990	2200	0.350	7240	219
北江	石角	38363	1320	418	0.132	533	143
东江	博罗	25325	731	231	0.121	280	110
红水河	迁江	128165	2180	687	0.670	4630	361
澜沧江	允景洪	137948	1810	570	1.280	7360	528
雅鲁藏布江	奴下	189843	1920	605	0.300	1820	95.8
伊犁河	雅马渡	49186	373	118	0.590	699	142
叶尔羌河	卡群	50248	205	64.6	4.460	2870	572

注：本表资料引自水电部水文局 1982 年 9 月刊布的《全国主要河流水文特征统计》，统计于 1979 年，() 内数字为兴建水库前的值。

表 2.1.2 国外若干河流多年平均水沙特征值统计

河流		测站	水量		沙量		
			流量 /(m^3/s)	径流量 /亿 m^3	含沙量 /(kg/m^3)	输沙量 /万 t	输沙模数 /[t/(km^2·a)]
巴西	亚马孙河	河口	181000	57200	0.07	4.0	69
美国	密西西比河	河口	17820	5640	0.6	3.44	107
	密苏里河	赫尔曼	1950	616	3.9	2.4	181
	科罗拉多河	大峡谷	155	49	30.4	1.49	234
孟加拉国	布拉马普特拉河	河口	12190	3850	2.1	8.0	1200
	恒河	河口	11750	3710	4.3	16.0	1680
印度	科西河	楚特拉	1810	570	3.3	1.9	3060
巴基斯坦	印度河	柯特里	5500	1740	2.8	4.8	495
缅甸	伊洛瓦底江	普朗姆	13550	4290	0.8	3.3	768
埃及	尼罗河	格费拉	13550	895	1.4	1.22	41.6

1. 岩石的风化方式和泥沙的矿物成分

岩石经物理风化后而破碎，形成的漂石、卵石、砾石等较大颗粒往往比岩石中原有的矿物颗粒要大，因而仍保留岩石原有的多种矿物成分，由原生矿物如石英、长石、云母等所组成，沙粒与岩石中原生矿物颗粒大小差不多，所以多为单矿物组成。

化学风化及生物过程使岩石的原生矿物成分发生化学变化，形成了粉粒以下细小颗粒的次生矿物。其中，不可溶次生矿物是黏粒的主要部分，如次生二氧化硅 SiO_2、蒙脱石[$Al_2Si_4O_{10}(OH)_2$、$Mg_3Si_4O_{10}(OH)_2$]、高岭土 $Al_2Si_2O_5(OH)_4$ 等。可溶的次生矿物又可分为易溶、微溶、难溶次生矿物类；易溶次生矿物如钠盐、钾盐（NaCl、KCl）；微溶次生矿物多为硫酸盐（$CaSO_4$），被水流所溶解；难溶次生矿物如钠盐、镁盐（Na_2CO_3、$MgCO_3$）等存在于河流泥沙中。在进一步风化过程中，复杂的生物化学转变过程使泥沙中增加了有机质，并使有机质转变为土壤有机化合物的复合体即腐殖质。

2. 矿物的物理特性

构成泥沙的矿物成分不同，相对密度也不同。如蒙脱石相对密度约 2.0，磁铁矿相对密度为 5。但因泥沙中最主要的组成矿物为石英和长石，因此泥沙的相对密度一般都在 2.60～2.70，通常取用 2.65。

（二）河流泥沙的分类

河流泥沙从不同的研究角度出发有不同的分类方法，如按泥沙在河流中不同的运动方式分类、按泥沙的矿物成分分类、按泥沙的粒径大小分类等。下面主要介绍按照粒径分类的有关概念。

河流泥沙组成变化幅度很大，粗细之间相差可达千百万倍，考虑单颗泥沙的性质并无意义，必须考虑分级的平均值。通常将泥沙粒径按大小分类，粒径分类定名的原则，既要表示出不同的粒径级泥沙某些性质上的显著差异和性质变化的规律性，又能使各级分界粒径尺度成为一定的比例。2010 年 4 月，水利部发布了 SL 42—2010《河流泥沙颗粒分析规程》，规定河流泥沙分类应符合表 2.1.3。

表 2.1.3　　河流泥沙分类

泥沙分类	黏粒	粉沙	沙粒	砾石	卵石	漂石
粒径大小/mm	<0.004	0.004～0.062	0.062～2.0	2.0～16.0	16.0～250.0	>250.0

大量的分析资料表明，泥沙的粒径大小与泥沙的水力学特性和物理化学特性有着密切的关系：

（1）不同粒径级的颗粒所形成的土壤具有不同的力学性质。例如，大于 2mm 的颗粒形成的土壤无毛细力，颗粒松散，其间不相连续；0.05～2mm 的颗粒之间具有毛细力，但无黏结性；0.005～0.05mm 的颗粒含水时具有黏结性；小于 0.005mm 的颗粒间不仅含水时具有黏结性，而且失水后黏结力增强。这种黏结性对泥沙的运动起着重要作用。此外，泥沙在水流中的输移方式和沉降规律等，都与泥沙粒径有着密切的关系。

（2）不同粒径级的颗粒具有不同的矿物组成。大颗粒如漂石、卵石、砾石等实际属于岩屑，因此通常与母岩中原有的多矿物成分相同；沙粒与岩石中原生矿物颗粒尺度相近，所以它们往往由单矿物如石英、长石、云母等主要造岩矿物组成；较细的粉粒多由抗风化能力较强的石英等矿物或难溶的碳酸盐组成；更细的黏粒则几乎都是由次生矿物及腐殖质组成。

（3）不同粒径级的颗粒具有不同的物理化学特性。例如，泥沙的比重、容重、颗粒形态、颗粒表面吸附水膜对泥沙运动的影响等，均与泥沙粒径大小直接有关。颗粒的形状是各式各样的：常见的砾石、卵石，外形比较圆滑，有圆球状的，有椭球状的，也有片状的，均无尖角和棱线；沙类和粉土类泥沙外形不规则，尖角和棱线都比较明显；黏土类泥沙一般都是棱角峥嵘，外形十分复杂。

（三）泥沙的基本特性

1. 泥沙的几何特性

泥沙的几何特性，系指泥沙颗粒的形状、大小等。

泥沙颗粒的不同形状与它们在水流中的运动状态是密切相关的。较粗的颗粒沿河底推移前进，碰撞的机会较多，碰撞时动量较大，容易磨损成较圆滑的外形。较细的颗粒随水流悬浮前进，碰撞的机会较少，碰撞时动量较小，不易磨损，往往保持棱角峥嵘的外形。

（1）泥沙的粒径。泥沙的粒径是泥沙颗粒大小的量度，由于泥沙颗粒形状不规则，不易确定其直径，通常所讲的粒径为泥沙的等容粒径的简称。所谓等容粒径，就是体积与泥沙颗粒相等的球体的直径。设某一颗沙的体积为 V，则其等容粒径为

$$d=\left(\frac{6V}{\pi}\right)^{1/3} \tag{2.1.1}$$

常用的粒径单位为 mm，对较大的粒径也用 cm 作为单位。

如果把泥沙颗粒看成椭球体，因椭球体的体积为$\frac{\pi abc}{6}$（a、b、c 为椭球体的长、中、短三轴），而球体的体积为$\frac{\pi d^3}{6}$，令两者相等，可以得到

$$d=\sqrt[3]{abc} \tag{2.1.2}$$

即椭球体的等容粒径为其长、中、短轴长度的几何平均值。

对单颗的卵石、砾石，可以直接称重，再除以泥沙的容重，然后代入式（2.1.1）求得等容粒径，或者直接测量长、中、短三轴大小计算其几何平均值；可以通过测量沙粒的中轴长度来代替等容粒径；而对于无法直接测量的较细的颗粒，在通常情况下根本不可能采用这样的办法确定它们的粒径。在实际工作中，对于不易直接量测其体积及长、中、短轴长度的泥沙，通常采用其他方法确定其粒径。

对较粗天然沙粒量测成果的统计分析表明，沙粒的中轴长度和其长、中、短三轴的几何平均值（即等容粒径）接近而略大。在实际中，对于粒径在 0.062～2.0mm 的沙粒，一般采用筛析法。我国采用公制标准筛，筛号和孔径的关系见表 2.1.4。不难设想，用筛析法量得的粒径应相当于各粒径组界限沙粒的中轴长度，可以近似地看成等容粒径，或者直接称为筛径。

表 2.1.4　　公制标准筛筛号和孔径的关系

筛号	3	4	6	8	10	12	16	20	30
孔径/mm	6.35	4.76	3.36	2.38	2.00	1.68	1.19	0.84	0.59
筛号	40	50	60	70	100	140	200	270	400
孔径/mm	0.42	0.297	0.250	0.210	0.149	0.105	0.074	0.053	0.037

对于粒径在 0.062mm 以下的粉粒和黏粒，已不可能进一步筛分，只能采用沉降法，如比重计法、粒径计法、吸管法等。这些方法的基本原理是，通过测量沙粒在静水中的沉降速度，按照粒径与沉速的关系式换算成粒径。所得粒径实际上为具有同样比重、同样沉速的球体直径，也称为沉降粒径，或简称沉径。

（2）泥沙的粒配曲线。河流泥沙通常具有很强的非均匀性。通过对沙样颗粒组成的分析，得出其中各粒径级的重量百分比或者小于某粒径的质量百分比，并据以绘制如图 2.1.1 所示的泥沙粒配曲线。

粒配曲线可直接表现泥沙沙样粒径的大小和沙样的均匀程度，落在图右边的曲线（曲线Ⅱ）显然代表粒径较细的沙样；坡度较陡的曲线（曲线Ⅰ）则代表粒径较均匀的沙样。

从图 2.1.1 的粒配曲线上，可以查出小于某粒径的泥沙在总沙样中占的质量百分数，同时也可以查出在总沙样中占某质量百分数的泥沙的上限粒径。后者通常以质量百分数为下标，附注在粒径的右下角，表示该上限粒径，其中 d_{50} 是一个十分重要的特征粒径，称为中值粒径，它表示在全部沙样中，大于和小于这一粒径的泥沙质量相等。

d_{pj} 称为泥沙的平均粒径，可用下式表示：

$$d_{pj}=\frac{\sum_{i=1}^{n}\Delta p_i d_i}{\sum_{i=1}^{n}\Delta p_i} \tag{2.1.3}$$

式中：d_i 为第 i 组泥沙的代表粒径。

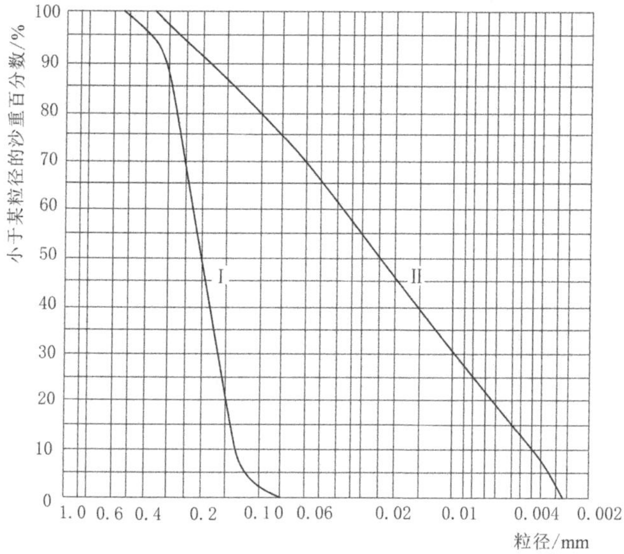

图 2.1.1 半对数坐标纸上的粒配曲线

将一个沙样按粒径大小分成若干组，定出每组上、下界限粒径 d_{max} 及 d_{min} 则 $d_i=\dfrac{d_{max}+d_{min}}{2}$或 $d_i=\dfrac{d_{max}+d_{min}+\sqrt{d_{max}+d_{min}}}{3}$；$p_i$ 为粒径为 d_i 组泥沙在整个沙样中所占的重量百分比。

通常泥沙的平均粒径 d_{pj} 与中值粒径 d_{50} 并不相等。根据熊治平的研究结果，两者之间的关系应为

$$d_{pj}=d_{50}e^{\frac{\sigma^2}{2}} \tag{2.1.4}$$

式中：σ 为泥沙级配组成的均方差。

赵连军等对大量实测资料分析发现，天然河流中悬移质泥沙的 d_{50} 与 d_{pj} 之间的相关变化不仅与粒径的大小有关，还受温度及含沙量的影响较大，并建立了如下计算公式：

$$\frac{d_{50}}{d_{pj}}=\left(\frac{d_{50}^{1.5}\sqrt{g}}{\upsilon_m}\right)^{0.29}/\exp(5s_v^{1.5}) \tag{2.1.5}$$

式中：s_v 为体积比含沙量；υ_m 为浑水运动黏滞系数。

关于沙样的均匀程度，除可以用均方差表示外，对一般河流泥沙来讲，也常采用如下形式的非均匀系数或称拣选系数表示：

$$\varphi=\sqrt{\frac{d_{75}}{d_{25}}} \tag{2.1.6}$$

若非均匀系数等于 1，则沙样均匀；非均匀系数愈大于 1，则愈不均匀。

天然河流中泥沙的运动与水流紊动结构之间有极为密切的联系。水流中各种形式的涡体，对泥沙的起动、输移与沉积起着显著的作用，天然多沙河流的泥沙级配与紊流场之间有极为密切的依赖关系。许多学者从此观点入手，建立了泥沙级配计算理论公式。下面介绍一些有代表性的研究成果。

1）张红武悬沙级配计算公式：

$$P(d_i)=2\varphi\frac{\sqrt{\beta_1 d_i}}{\sigma_\nu}-1 \tag{2.1.7}$$

式中：φ 为正态分布函数；σ_ν 为纵向紊动强度的垂线平均值，$\sigma_\nu=0.75U_*$；U_* 为摩阻流速。

式（2.1.7）中的 β_1 可由下式计算：

$$\beta_1=3.6\frac{\gamma_s-\gamma}{\gamma}g \tag{2.1.8}$$

2）詹义正悬沙级配计算公式：

$$P(d_i)=2\varphi\frac{\psi(d_i)}{\sqrt{2}\sigma_\nu} \tag{2.1.9}$$

式中（2.1.9）的水流纵向紊动强度 σ_ν 取为 $\sigma_\nu=U_*$，$\psi(d_i)$ 可表示为

$$\psi(d_i)=\sqrt{\left(\frac{12\nu}{5d_i}\right)^2+\frac{4}{15}g\frac{\gamma_s-\gamma}{\gamma}d_i-\frac{12\nu}{d_i}} \tag{2.1.10}$$

对于式（2.1.10）中的系数 k，原作者建议由式（2.1.9）根据 d_{50} 反求。

3）赵连军泥沙级配计算公式：

赵连军通过理论探讨，建立了以常见非均匀沙特征粒径表征的同时适用于悬移质泥沙与细颗粒床沙级配的计算公式：

$$P(d_i)=2\varphi\times0.675\times\left(\frac{d_i}{d_{50}}\right)^n-1 \tag{2.1.11}$$

式中：n 为指数。n 采用如下公式计算：

$$n=0.42\times\left[\tan\left(1.49\frac{d_{50}}{d_{pj}}\right)\right]^{0.61}+0.143 \tag{2.1.12}$$

2. 泥沙的一般重力特性

1）泥沙的容重与密度泥沙各个颗粒实有质量与实有体积的比值，称为泥沙的容重，采用国际单位为 N/m^3，工程单位为 tf/m^3 或 kg/m^3 或 kgf/m^3。由于构成泥沙的岩石成分不同，泥沙的容重 γ_s 也不相同，常以 $26kN/m^3$（国际单位）或 $2650kgf/m^3$（工程单位）为代表值。

泥沙在水中的运动状态，既与泥沙的容重 γ_s 有关，又与水的容量 γ 有关。在分析计算中，常出现相对数值 $\frac{\gamma_s-\gamma}{\gamma}$，为了简便起见，令

$$a=\frac{\gamma_s-\gamma}{\gamma} \tag{2.1.13}$$

若以 ρ_s、ρ 分别代表泥沙、水的密度，则

$$a=\frac{\rho_s-\rho}{\rho} \tag{2.1.14}$$

式中：a 为无量纲值，可定名为有效容重系数或有效密度系数。

2）泥沙的干容重与干密度。

沙样经 100～105℃温度烘干后，其质量与原状沙样整个体积的比值，称为泥沙的干容重，单位为 N/m^3（工程单位为 tf/m^3 或 kgf/m^3）。当河床发生冲淤变化时，泥沙的干容重是确定冲淤泥沙质量与体积关系的一个重要物理量，在分析计算中会经常遇到。

泥沙干容重与粒径的大小、埋藏的深浅，以及淤积历时的长短有关，其变化幅度相当大。泥沙干容重，由于影响因素比较复杂，目前在解决实际问题时，通常都是通过收集整理同条件的实测干容重资料来确定。所谓同条件，既包括粒配条件，也包括冲淤条件，时间因素也应考虑在内。

泥沙干容重的计算方法目前尚未成熟，但也有一些试验研究成果可供参考。下面主要介绍韩其为、王玉成等通过分析丹江口水库和室内试验资料提出的计算淤积物初期干容重的办法。这里所谓初期干容重，对于 $d>0.1$mm 的颗粒，相当于不特别压实条件的稳定干容重；对于 $d<0.1$mm 的颗粒，相当于表层淤积物的干容重。

对于均匀沙，按下述公式计算：

$$\gamma'_{pj}=\begin{cases}0.525\left(\dfrac{d}{d+4\delta'}\right)\gamma_s & d<1\text{mm}\\[2ex](0.70-0.175e^{-0.095\frac{d-d_0}{d_0}})\gamma_s & d\geqslant 1\text{mm}\end{cases} \tag{2.1.15}$$

式中：δ'为薄膜水厚度，取为 4×10^{-4}mm；d 为参考粒径，取为 1mm。

其中用于 $d\geqslant$1mm 的公式纯属经验公式；用于 $d<$1mm 的公式，是将颗粒看成球体，取颗粒之间的空隙等于 4 倍薄膜水厚度，而颗粒排列不出现交错现象的理论公式。对于非均匀沙，情况比较复杂，不同情况有不同的计算方法。如非均匀沙的粒径范围较窄，细颗粒难以处于粗颗粒空隙中；或者颗粒很细，颗粒之间主要为薄膜水，则可以不必考虑充填。此时干容重可将各组粒径泥沙（视为均匀沙）看成分别集中淤积来求得。这种条件下的计算公式为

$$\frac{1}{\gamma'_{pj}}=\sum_{i=1}^{n}\frac{p_i}{\gamma'_i} \tag{2.1.16}$$

式中：γ'_{pj}为平均干容重；γ'_i为第 i 组泥沙干容重；p_i 为第 i 组泥沙重量百分比；n 为分组数目。

如果出现充填现象，则所得干容重较式（2.1.16）算的结果较大，在两组粗细颗粒均匀混合的条件下，计算公式为

$$\frac{1}{\gamma'_{pj}}=\begin{cases}p_1/\gamma_s+p_2/\gamma'_2 & \dfrac{p_2}{p_1}\geqslant\gamma'_2/\gamma'_1-\gamma'_2/\gamma_s\\[2ex] p_1/\gamma'_1 & \dfrac{p_2}{p_1}\geqslant\gamma'_2/\gamma'_1-\gamma'_2/\gamma_s\end{cases} \tag{2.1.17}$$

式中：下标 1 表示粗颗粒；下标 2 表示细颗粒。

式（2.1.17）中的第一式适用于细颗粒较多、粗颗粒甚少的条件，此时粗颗粒将埋藏于细颗粒之中，占有的体积全为密实体积，故其干容重即等于容重。第二式适用于细颗粒较少，不足充填粗颗粒空隙的条件，此时细颗粒不另占体积。由式（2.1.16）及式（2.1.17）很容易导出，只需将等式两侧各项同乘以沙样的总质量。

式（2.1.17）的判别条件由下式转换而来：

$$\frac{W_{P_2}}{\gamma_2'} \geqslant \frac{W_{P_1}}{\gamma_1'} - \frac{W_{P1}}{\gamma_s}$$

或

$$\frac{W_{P_2}}{\gamma_2'} < \frac{W_{P_1}}{\gamma_1'} - \frac{W_{P1}}{\gamma_s} \tag{2.1.18}$$

亦即细颗粒所占有的体积应大于或小于粗颗粒之间的空隙体积。

然而，式（2.1.17）所给出的结果，与实际资料对比一般偏大。只有当粗颗粒很少，粗颗粒之间的空隙全被细颗粒填满，或者细颗粒很少，细颗粒全位于粗颗粒空隙中时，式（2.1.17）才是正确的。产生这一现象的原因是，只要粗颗粒不是太少，就往往会相对集中，粗颗粒之间的空隙有的可能完全没有被细颗粒充填，有的填一部分，空一部分。这自然是一种随机现象。考虑两组粗细不同颗粒的随机充填，提出了如下计算公式：

$$\frac{1}{\gamma_{pj}'} = (p_1/\gamma_1' - p_1/\gamma_s)Q + p_1/\gamma_s + p_2/\gamma_2' \tag{2.1.19}$$

式中：Q 为粗颗粒空隙未被细颗粒充填的概率，$Q=1-p_2^{n+1}$，不存在充填时，$Q=1$，全部填满时，$Q=0$；P_2 为与细颗粒接触的概率，用细颗粒表面积与粗细颗粒总表面积的比值表示，其计算式为 $p_2=\dfrac{p_2/d_2}{p_1/d_1+p_2/d_2}$；$n$ 为表示充填层数的参数，$n=1/2+0.078\dfrac{d_1+d_2}{d_2}$，充填仅发生在 $n\geqslant 1$，即 $n\geqslant 5.41$ 的条件之下。

上述公式是从仅存在粗细两组粒径导来的，如粒径不限于两组，则应由小粒径组至大粒径组逐组作充填计算。按式（2.1.19）求出最小两组混合沙的干容重及平均粒径后，再充填比它粗的第三组。按上述公式计算的干容重与实际资料还比较符合。

原作者建议，除 $d<0.05$mm 的非均匀沙可以不考虑充填，按式（2.1.16）计算外，只要非均匀沙粒径范围较宽，超过一个数量级，都要考虑充填，一般应按式（2.1.19）计算。如果粗颗粒含量很少（或者细颗粒含量很少），则可按式（2.1.17）计算。

上述计算公式考虑问题比较细致，有一定的根据，在缺乏实测资料时，可供估算淤积物的初期干容重时参考。

至于沉积条件和沉积历时对淤积物干容重的影响，目前还缺乏可供计算时参考的公式。莱恩（E. W. Lane）和凯尔泽（V. A. Koelzer）提出的计算水库淤积物干密度的经验公式，考虑了泥沙的粒径、水库的运用方式和时间，可供参考：

$$\rho' = \rho_1' + B\lg t \tag{2.1.20}$$

式中：ρ' 为淤积物经过 t 年后的干密度，t/m^3；ρ_1' 为淤积物经过 1 年后的干密度，t/m^3；B 为常数，t/m^3。

ρ_1' 及 B 为泥沙粒径及水库运用方式的函数，其值见表 2.1.5。式（2.1.20）及表 2.1.9 是根据水库淤积物实测资料建立的，因而代表一种平均情况。

当淤积物含有一种以上粒径级时，可以按表 2.1.5 求各种粒径级的干密度，然后用各粒径级的重量比加权，求综合干密度，即取：

表 2.1.5　　　　**ρ' 的常数值**

水库运用方式	沙		粉土		黏土	
	ρ_1'/(t/m³)	B/(t/m³)	ρ_1'/(t/m³)	B/(t/m³)	ρ_1'/(t/m³)	B/(t/m³)
泥沙常浸没或接近常浸没水中	1.489	0	1.041	0.091	0.480	0.256
库水位正常中度下降	1.489	0	1.185	0.043	0.737	0.171
库水位正常大幅度下降	1.489	0	1.265	0.016	0.961	0.096
水库正常泄空	1.489	0	1.313	0	1.249	0

$$\rho'_{pj}=\sum_{i=1}^{n}p_i\rho'_i \tag{2.1.21}$$

而柯尔比（B. R. Colby）则建议按各粒径级的体积比加权，即取

$$\frac{1}{\rho'_{pj}}=\sum_{i=1}^{n}p_i/\rho'_i \tag{2.1.22}$$

和式（2.1.16）完全相同。显然，在不考虑各组粒径相互填充的条件下，从干容重的定义着眼，式（2.1.16）应较式（2.1.17）合理。

因为干容重的大小实际上反映了泥沙颗粒的松紧程度，所以有时也用孔隙率来表示。设单位体积沙样的孔隙率所占体积为 ε，则沙粒所占体积为 ε，于是干容重为

$$\gamma'=\gamma_s(1-\varepsilon) \tag{2.1.23}$$

干密度为

$$\rho'=\rho_s(1-\varepsilon) \tag{2.1.24}$$

孔隙率愈大，干容重（或干密度）愈小；反之，则愈大。

孔隙率虽然有一定的变化幅度，但对沙粒而言，其最小孔隙率是比较稳定的，约为 0.4，称为淤沙的稳定孔隙率，此值相当于干容重约等于 1590kg/m³。

3）泥沙的水下休止角：

在静水中的泥沙，由于摩擦力的作用，可以形成一定的倾斜面而不致塌落，此倾斜面与水平面的交角 φ 称为泥沙的水下休止角，其正切值即为泥沙的水下摩擦系数，即

$$f=\tan\varphi \tag{2.1.25}$$

泥沙的水下摩擦系数对于分散颗粒一般随粒径的减小而减小，如：砾石 $f\approx0.6$，沙 $f\approx0.5$，粉沙 $f\approx0.3$。

试验表明，水下休止角不仅与泥沙粒径有关，还与泥沙粒配及形状有关，不同类型沙粒的水下休止角相差很大。

3. 泥沙的沉降速度

（1）泥沙沉降形态。因泥沙的重率大于水的重率，在水中的泥沙颗粒将受重力作用而下沉。泥沙在静止的清水中等速下沉时的速度，称为泥沙的沉降速度，常用单位为 cm/s。由于粒径愈粗，沉降速度愈大，因此，泥沙的沉降速度又名为泥沙的水力粗度。它是泥沙的重要水力特性之一，组成河床的泥沙沉速越大，则泥沙参与运动的倾向越小。在关于河道演变的分析研究中，与泥沙沉速有关的课题占绝大多数。

实践证明，泥沙颗粒在静水中下沉时，它的运动状态与沙粒雷诺数 $Re_d=\dfrac{\omega d}{\nu}$ 有关，

此处 v 为水的运动黏滞性系数，d 及 ω 分别为泥沙的粒径与沉速。当沙粒雷诺数 Re_d 较小时（约小于 0.5），泥沙颗粒基本上沿铅垂线下沉，附近的水几乎不发生紊乱现象（图 2.1.2），运动状态属于滞性状态。当沙粒雷诺数 Re_d 较大时（约大于 1000），泥沙颗粒脱离铅垂线以极大的紊动状态下沉，附近的水产生强烈的绕动和涡动，运动状态属于紊动状态。当沙粒雷诺数 Re_d 介于 0.5～1000 时，泥沙颗粒的下沉处于过渡状态。

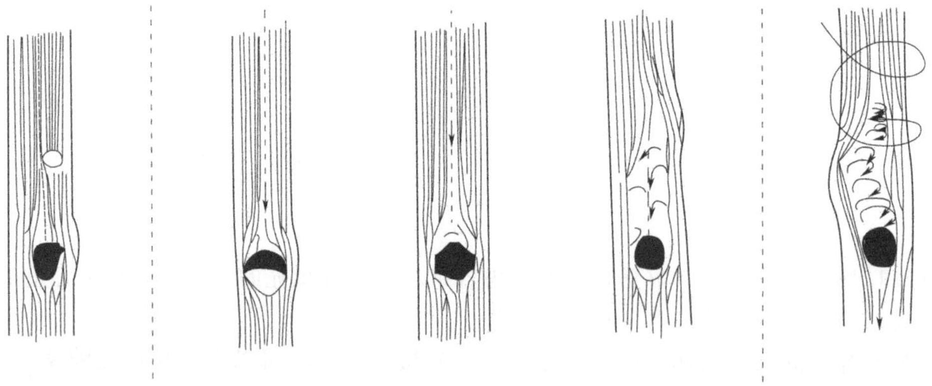

$\frac{\omega d}{v}<0.5$　　$\frac{\omega d}{v}=0.5\sim1000$　　$\frac{\omega d}{v}>1000$

图 2.1.2　泥沙在静水中下沉的运动状态示意图

（2）球体的沉速。单颗粒圆球在无限水体中等速下沉时，其沉降可看作对称绕流运动。从理论上，则绕流阻力的表达式为

$$F=C_d\ \frac{\pi}{4}d^2\gamma\ \frac{\omega^2}{2g} \tag{2.1.26}$$

式中：C_d 为阻力系数，与沉降物体的形状、方位、表面粗糙度、水流紊动强度，特别是沙粒雷诺数有关。如图 2.1.3 所示为球体及圆盘的 $C_d\sim Re_d$ 关系曲线。

由以上所述可知，当 $Re_d<0.5$ 时，球体的沉降为滞性区沉降，即此时球体沉降受到的阻力主要是滞性阻力，阻力系数 C_d 与沙粒雷诺数之间呈现线性关系；当 $Re_d>1000$ 时，球体的沉降处于紊流区，此时球体沉降过程中受到的阻力主要是紊动阻力，滞性阻力可以忽略，阻力系数 C_d 与沙粒雷诺数的变化无关，即 C_d 为常数；在 $0.5<Re_d<1000$ 过渡范围内，球体沉降过程中受到的滞性阻力和紊动阻力都不能忽视，阻力系数 C_d 与沙粒雷诺数之间呈曲线关系。

1）沉降滞流区。当 $Re_d<0.5$（沙玉清建议 0.2），阻力系数 C_d 与 Re_d 之间呈现线性关系，物体沉降阻力主要来自黏滞力，1851 年，斯托克斯（G. G. Stokes）曾以黏滞性流体的一般性的运动方程式作基础，就层流区忽略惯性项，从理论上，导出了球体在滞性状态下（即滞流区内）所受阻力的表达式为

$$F=3\pi\rho v d\omega \tag{2.1.27}$$

将式（2.1.27）代入式（2.1.26）可得

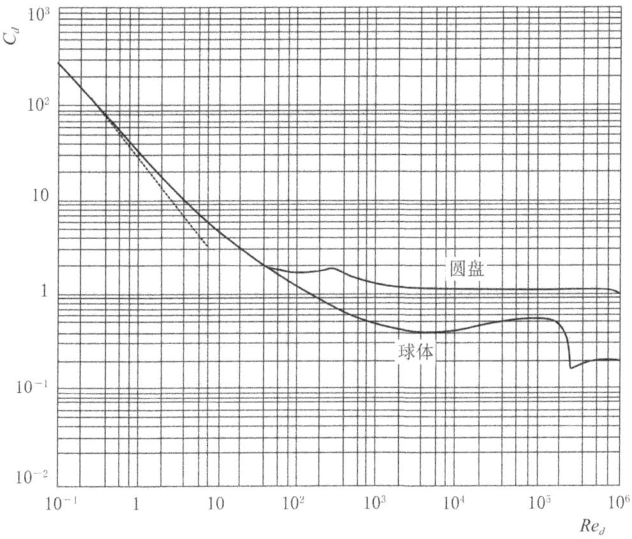

图 2.1.3 球体及圆盘的 $C_d \sim Re_d$ 关系曲线

$$C_d=\frac{24}{\frac{\omega d}{\nu}}=\frac{24}{Re_d} \tag{2.1.28}$$

在等速下沉的条件下，阻力 F 应与球体在水中受到的有效重力 W 相等，W 的表达式为

$$W=(\gamma_s-\gamma)\frac{1}{6}\pi d^3 \tag{2.1.29}$$

当 $F=W$ 时，联解式（2.1.26）和式（2.1.29）可得

$$\omega=\sqrt{\frac{4}{3C_d}}\sqrt{\frac{\gamma_s-\gamma}{\gamma}gd} \tag{2.1.30}$$

在滞流区内，将式（2.1.28）代入式（2.1.30），便可得滞流区的球体沉速公式，即斯托克斯公式

$$\omega=\frac{1}{18}\frac{\gamma_s-\gamma}{\gamma}g\frac{d^2}{\nu} \tag{2.1.31}$$

由于斯托克斯关于滞流区阻力表达式是在完全忽略惯性项的条件下导出的，因而仅适用于 Re_d 很小的情况。严格地讲，仅在 $Re_d<0.1$ 时才完全适合。

2）沉降紊动区。当 $Re_d>1000$，球体下沉处于紊动状态，即位于紊流区时，阻力系数 C_d 与沙粒雷诺数 Re_d 无关，而接近一常数值 0.45。将此值代入式（2.1.26），与式（2.1.29）联解，便可求出球体在紊流区的沉速公式：

$$\omega=1.72\sqrt{\frac{\gamma_s-\gamma}{\gamma}gd} \tag{2.1.32}$$

3）沉降过渡区。当 $0.5<Re_d<1000$，可利用图 2.1.7 中曲线及式（2.1.30）采用试算办法进行计算。

(四) 泥沙沉速计算经验公式

球体在滞流区和紊流区的阻力规律，应该同样适用于泥沙。只是由于泥沙的形状不规则，阻力表达式中的系数应该有所不同。

研究表明，泥沙颗粒沉降速度紊流区的阻力与 $\rho d^2\omega^2$ 成比例，滞流区的阻力与 $\rho\gamma d\omega$ 成比例。在阻力规律已知情况下，即可以直接求得紊流区和滞流区泥沙的沉速公式，所以，泥沙沉速问题的关键在于推求介于两者之间的过渡区的阻力规律和沉速公式。

1. 沙玉清公式

沙玉清在研究泥沙沉速问题时，引进了两个无因次判数：一个名为沉速判数 S_a，是沙粒雷诺数及阻力系数的函数；另一个名为粒径判数 φ，是沙粒雷诺数与沉速判数的函数。这样，只要找出两个判数之间的函数关系式，便可以根据泥沙粒径求出泥沙颗粒沉降速度，或者根据泥沙颗粒沉降速度求出泥沙粒径。

$$S_a=\frac{\omega}{g^{\frac{1}{3}}\left(\frac{\gamma_s-\gamma}{\gamma}\right)^{\frac{1}{3}}\nu^{\frac{1}{3}}}=\left(\frac{4}{3}\frac{\frac{\omega d}{\nu}}{C_d}\right)^{\frac{1}{3}} \tag{2.1.33}$$

$$\varphi=\frac{g^{\frac{1}{3}}\left(\frac{\gamma_s-\gamma}{\gamma}\right)^{\frac{1}{3}}d}{\nu^{\frac{2}{3}}}=\frac{\frac{\omega d}{\nu}}{S_a} \tag{2.1.34}$$

根据实测资料分析可知，过渡区球体两个判数之间的关系式如下：

$$(\lg S_a+3.665)^2+(\lg\varphi-5.777)^2=39 \tag{2.1.35}$$

2. 张瑞瑾公式

张瑞瑾根据阻力叠加原则，认为在过渡区内下沉泥沙颗粒所受阻力 F 的表达式为

$$F=K_2\rho\nu d\omega+K_3\rho d^2\omega^2 \tag{2.1.36}$$

此处 K_2 和 K_2 都系无因次系数，与泥沙形态无关。

泥沙下沉时受到的有效重力 W 应为

$$W=K_1(\gamma_s-\gamma)d^2 \tag{2.1.37}$$

式中：K_1 为泥沙体积系数。

当泥沙颗粒等速下沉时，取 $W=F$，应有

$$K_1(\gamma_s-\gamma)=K_2\rho\nu d\omega+K_3\rho d^2\omega^2 \tag{2.1.38}$$

式 (2.1.38) 为泥沙颗粒等速下沉介于滞流区与紊流区之间的过渡区的动力平衡方程式。经换算后可得泥沙沉速为

$$\omega=-\frac{1}{2}\frac{K_2}{K_3}\frac{\nu}{d}+\sqrt{\left(\frac{1}{2}\frac{K_2}{K_3}\frac{\nu}{d}\right)^2+\frac{K_1}{K_3}\frac{\gamma_s-\gamma}{\gamma}gd} \tag{2.1.39}$$

令 $C_1=\frac{1}{2}\frac{K_2}{K_3}$，$C_2=\frac{K_1}{K_3}$可以得到以下公式：

$$\omega=\sqrt{\left(C_1\frac{\nu}{d}\right)^2+C_2\frac{\gamma_s-\gamma}{\gamma}gd}-C_1\frac{\nu}{d} \tag{2.1.40}$$

式 (2.1.40) 中的无因次系数 C_1 及 C_2 只有凭实测资料确定。大量实测资料显示，

$C_1=13.95$，$C_2=1.09$。所以

$$\omega=\sqrt{\left(13.95\frac{\nu}{d}\right)^2+1.09\frac{\gamma_s-\gamma}{\gamma}gd}-13.95\frac{\nu}{d} \tag{2.1.41}$$

式（2.1.41）是以由过渡区的情况为出发点推导出来的，但它可以同时满足滞流区、紊流区以及过渡区的要求。究其原因，由滞性状态到紊动状态的过渡为逐渐完成的，不是突变过程。如果温度不变（因而 ν 不变），当粒径增大时，属于滞性阻力的因素会逐渐减小，等到粒径 d 超过一定限度（临界值）时，滞性因素将小到可以完全忽略不计，只有紊动阻力的因素起着决定作用；当粒径 d 减小时，情况便相反。

滞流区（即 $Re_d<0.5$，或在常温下 $d<0.1\text{mm}$）力的平衡方程式可以简化为

$$K_1(\rho_s-\rho)gd^3=K_2\mu d\omega \tag{2.1.42}$$

可转化为

$$\omega=\frac{K_1}{K_2}\frac{\gamma_s-\gamma}{\gamma}g\frac{d^2}{\nu}=\frac{1}{25.6}\frac{\gamma_s-\gamma}{\gamma}g\frac{d^2}{\nu} \tag{2.1.43}$$

紊流区（即 $Re_d>1000$，或在常温下 $d>4\text{ mm}$）力的平衡方程式可以简化为

$$K_1(\rho_s-\rho)gd^3=K_3\rho d^2\omega^2 \tag{2.1.44}$$

可转化为

$$\omega=\sqrt{\frac{K_1}{K_2}}\sqrt{\frac{\gamma_s-\gamma}{\gamma}gd}=1.044\sqrt{\frac{\gamma_s-\gamma}{\gamma}gd} \tag{2.1.45}$$

3. 窦国仁公式

窦国仁采取了滞性阻力和紊动阻力的迭加原则研究过渡区泥沙的沉降规律，得到阻力 F 的表达式：

$$F=4\pi\rho\nu d\omega\left(1+\frac{3}{16}Re_d\right)\frac{1}{2}(1+\cos\theta)+C_\omega\frac{\pi}{4}d^2\sin^2\theta\gamma\frac{\omega^2}{2g} \tag{2.1.46}$$

当 F 球体的水中重量 W 相等可以得到过渡区的沉速公式：

$$\omega=\left(\frac{4}{3}\times\frac{1}{\frac{32}{Re_d}\times\left(1+\frac{3}{16}Re_d\right)\times\frac{1}{2}\times(1+\cos\theta)+1.2\sin^2\theta}\right)^{\frac{1}{2}}\sqrt{\frac{\gamma_s-\gamma}{\gamma}gd} \tag{2.1.47}$$

（五）影响泥沙沉速的因素

泥沙动水沉降速度受到多种因素的影响，主要包括颗粒大小、形状、密度以及流体的黏度等。

1. 颗粒大小和形状因素

颗粒大小和形状是影响泥沙动水沉降速度的重要因素。通常情况下，颗粒越大、形状越规则，其速度越快。

2. 颗粒密度因素

颗粒密度是指单位体积颗粒的质量，也是影响沉降速度的重要因素。密度越大的颗粒沉降速度越快。

3. 流体黏度因素

流体的黏度是指流体内部分子间相互作用力的大小，也是影响泥沙动水沉降速度的重

要因素。黏度越大的流体，泥沙颗粒的沉降速度越慢。

4. 其他因素

珠江河口等海岸地区泥沙沉速还受到盐分，对于污染严重的水域还含有很多有机物，盐分和有机物会促使泥沙产生絮凝。无论是细颗粒黏性天然沙或煤粉类，紧凝结构特性和絮凝沉降变化特性是一致的。沉降速度的峰值出现在絮凝结构最佳的含盐溶液中。在絮凝加速区，沉降速度随含盐度增加而加大；处在解凝区，沉速随含盐度增加而减少。

三、珠江泥沙来源和分布

(一) 概述

珠江的泥沙主要来源于西江。珠江主要来沙路线为：南北盘江⟶红水河⟶浔江⟶西江⟶珠江。西江泥沙的46.1%来源于南北盘江，而珠江泥沙的88.3%来源于西江。珠江各主要河流输沙模数最大的是北盘江，达到1400t/km^2；最小的是东江和郁江，低于100t/km^2。

珠江主要河流泥沙年内分布极不均匀。汛期4—9月占全年的86.9%以上，主汛期6—8月占全年的69.1%以上。珠江各主要河流控制站径流量和输沙量的变化大体上呈正相关，水库对泥沙的拦蓄作用明显。珠江各重要河段随着下游大型水库的建成，不同程度地出现淤积现象。近年各主要河流来沙大幅减少。2001—2005年期间，除郁江外各主要河流来沙大幅减少，减少幅度远高于径流量，随着后续大型水库的逐步建成，以及森林覆盖率的进一步提高，进入三角洲的年平均输沙量还将会进一步减少。

(二) 输沙量

表2.1.6列出汇入珠江各主要河流的输沙量。从表中可以看出，珠江多年平均输沙量为7700万t（高要＋石角＋石狗＋博罗），主要来源于西江，占88.3%，北江占8.5%，而东江仅占3.2%；西江泥沙又主要来源于浔江，占86.5%其次为北流河，占5.2%，再次是桂江和罗定江，最小是蒙江，仅占1.0%；浔江的泥沙主要来源于红水河，占73.5%，其次为郁江，占15.1%，最小为柳江，占11.4%；而红水河的泥沙主要来源于北盘江和南盘江，分别占48.2%和42.8%，另一支流蒙江仅占9.0%。

表2.1.6　　珠江流域各主要河段泥沙输入情况表

河名	站名	年输沙量历/t	比例/%
南盘江	江边街＋乃格沙	1057	42.8
北盘江	大渡口	1190	482
蒙江	八茂	222	9.0
合计（汇入红水河）		2469	100
红水河	迁江	4190	73.5
柳江	柳州＋对亭	649	11.4
郁江	贵港	860	15.1
合计（汇入浔江）		5699	100
浔江	大湟江口	5720	86.5
蒙江	太平	64.0	1.0

续表

河名	站名	年输沙量历/t	比例/%
桂江	马江	230	3.5
贺江	古榄	109	1.6
北流河	金鸡	342	5.2
罗定江	官良	149	2.3
合计（汇入西江）		6614	100
西江	高要	6800	88.3
北江	石角＋石狗	652	8.5
东江	博罗	246	3.2
合计（汇入珠江）		7700	100

对于红水河至西江段的各支流汇入的年平均输沙量见表 2.1.4。西江干流河段的泥沙主要来源于南、北盘江，占 46.1%；其次为郁江，占 17.7%；再次为柳江，占 13.3%；最小为广西境内的蒙江，仅占 1.3%，见表 2.1.7。

表 2.1.7　各主要支流输入西江主干流河段泥沙情况

河名	南盘江、北盘江	蒙江	柳江	郁江	桂江	蒙江	贺江	北流河	罗定江	合计（汇入西江干流河段）
年输沙量/万 t	2247	222	649	860	230	64.0	109	342	149	4872
比例/%	46.1	4.6	13.3	17.7	4.7	1.3	2.2	7.0	3.1	100

表 2.1.8 和图 2.1.4 给出珠江流域主要河流水文控制站 2002 年以来汛期 4—9 月和主汛期 6—8 月径流量和输沙量占全年径流量、输沙量的比例。从图表中可以看出，珠江流域主要河流泥沙年内分布是极不均匀的。对于径流量，汛期 4—9 月占全年的 67.6%～83.5%，主汛期 6—8 月为 45.5%～62.5%；对于输沙量，汛期 4—9 月占全年的 86.9%以上，红水河迁江站更是高达 99.1%，主汛期 6—8 月占全年的 69.1%以上，迁江站达到 94.0%。说明在 1 年之内，珠江的泥沙主要来自汛期 4—9 月，其中又主要来自于主汛期 6—8 月。

表 2.1.8　珠江流域各主要河流控制站汛期径流量、输沙量占全年的比重

河流	水文站	项目	4—9 月占全年比例/%	6—8 月占全年比例/%
南盘江	小龙潭	径流量	67.6	47.7
		输沙量	86.9	75.0
红水河	迁江	径流量	77.8	56.3
		输沙量	99.1	94.0
浔江	大湟江口	径流量	80.7	58.1
		输沙量	98.7	88.3

续表

河流	水文站	项目	4—9 月占全年比例/%	6—8 月占全年比例/%
西江	柳州（四）	径流量	79.7	56.5
		输沙量	91.0	77.8
西江	高要	径流量	80.0	56.6
		输沙量	98.2	84.9
柳江	柳州（二）	径流量	83.5	56.5
		输沙量	98.9	75.3
郁江	南宁（三）	径流量	80.7	62.5
		输沙量	96.4	90.8
北江	石角	径流量	77.8	46.6
		输沙量	93.4	69.1
东江	博罗	径流量	70.7	45.5
		输沙量	90.9	71.6

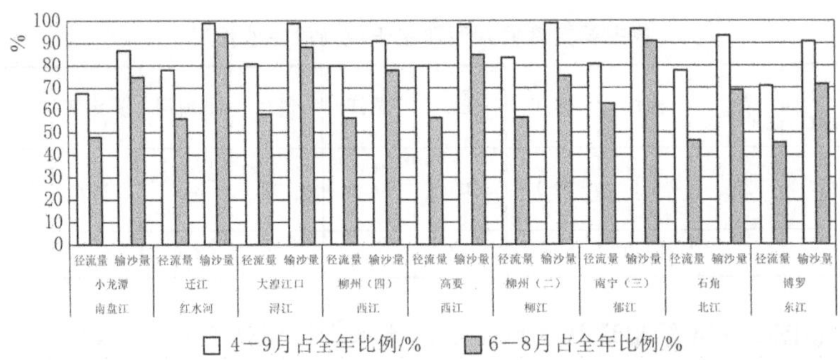

图 2.1.4 主要河流控制站汛期径流量、输沙量占全年的比重

（三）近年输沙量变化

2022 年珠江流域（含韩江、南渡江）主要水文控制站实测水沙特征值与多年平均值比较，郁江南宁站和浔江大湟江口站年径流量基本持平，南盘江小龙潭、北盘江大渡口、红水河迁江、东江博罗和韩江潮安各站偏小 6%～40%，其他站偏大 7%～50%；柳江柳州、桂江平乐和北江石角各站年输沙量偏大 63%～98%，其他站偏小 35%～96%。与近 10 年平均值比较，2022 年平乐、石角和南渡江龙塘各站径流量偏大 19%～37%，小龙潭站和博罗站分别偏小 16%和 14%，其他站基本持平；大湟江口站年输沙量基本持平，小龙潭、大渡口、南宁和龙塘各站偏小 23%～63%，其他站偏大 7%～96%。与上年度比较，2022 年各站径流量增大 8%～206%；小龙潭站年输沙量减小 47%，大渡口站基本持平，其他站增大 69%以上。

石角水文站断面 2000—2013 年持续冲刷下切，之后呈回淤抬升态势；2022 年较 2021 年局部淤高。三水水文站断面深泓 1990—2010 年呈下切趋势，之后趋于稳定；2022 年与 2021 年相比总体变化不大。

2022年重要泥沙事件为北江发生洪水致使河道水沙量增加。

1. 2022年实测水沙特征值

2022年珠江流域主要水文控制站实测水沙特征值与多年平均值、近10年平均值及从2021年值来看。2022年珠江流域主要水文控制站实测径流量与多年平均值比较，柳江柳州、桂江平乐、西江梧州、西江高要、北江石角和南渡江龙塘各站分别偏大8%、50%、7%、7%、35%和27%，郁江南宁站和浔江大湟江口站基本持平，南盘江小龙潭、北盘江大渡口、红水河迁江、东江博罗和韩江潮安各站分别偏小40%、21%、6%、20%和9%；与近10年平均值比较，平乐、石角和龙塘各站分别偏大19%、32%和37%，大渡口、迁江、柳州、南宁、大湟江口、梧州、高要和潮安各站基本持平，小龙潭站和博罗站分别偏小16%和14%；与上年度比较，小龙潭、大渡口、迁江、柳州、南宁、大湟江口、平乐、梧州、高要、石角、博罗、潮安和龙塘各站分别增大32%、8%、35%、17%、62%、43%、78%、58%、64%、143%、139%、206%和51%。

2022年珠江流域主要水文控制站实测输沙量与多年平均值比较，柳州、平乐和石角各站分别偏大98%、63%和74%，小龙潭、大渡口、迁江、南宁、大湟江口、梧州、高要、博罗、潮安和龙塘各站分别偏小80%、86%、96%、75%、67%、57%、51%、43%、35%和59%；与近10年平均值比较，迁江、柳州、平乐、梧州、高要、石角、博罗和潮安各站分别偏大19%、7%、57%、42%、52%、96%、26%和84%，大湟江口站基本持平，小龙潭、大渡口、南宁和龙塘各站分别偏小63%、44%、23%和43%；与上年度比较，迁江、柳州、南宁、大湟江口、平乐、梧州、高要、石角、博罗、潮安和龙塘各站分别增大539%、98%、229%、179%、621%、468%、484%、487%、1667%、5269%和69%，大渡口站基本持平，小龙潭站减小47%。

2. 径流量与输沙量年内变化

2022年珠江流域主要水文控制站径流量与输沙量时空分布不匀，柳州、大湟江口、平乐、梧州、高要、石角、博罗和潮安各站径流量和输沙量主要集中在2—7月，分别占全年的68%～90%和95%～100%；小龙潭、大渡口、迁江和南宁各站径流量和输沙量主要集中在4—9月，占全年的68%～77%和92%～100%；龙塘站径流量和输沙量主要集中在6—11月，分别占全年的74%和88%。

第二节 泥沙运动基本原理

一、河流泥沙的运动形式与泥沙起动

（一）泥沙的运动形式

泥沙在水流中的运动状态，可分为两大类。

一类是：泥沙一颗一颗地沿河床滚动、滑动或跳跃前进，运动一阵，停止一阵，呈间歇性。运动着的泥沙与静止的泥沙经常彼此交换。前进的速度远较水流速度为小。这一类泥沙称为推移质，在水流所挟运的泥沙中属于比较粗的一部分。当河床上有一定数量的推移质向前运动的时候，河床表面往往形成起伏的沙波。

另一类是：泥沙在水中浮游前进，顺水流前进的速度与水流的速度基本上相同。浮游

的位置时上时下，较细的泥沙能上升至接近水面；较粗的泥沙有时甚至回到河床上“休息”，与床面泥沙（简称床沙）发生置换现象，但与推移质比较起来，浮游的持续性一般是相当大的。这一类泥沙称为悬移质，在水流所挟运的泥沙中属于比较细的一部分。悬移质是泥沙运动的重要方式，引起泥沙悬浮的主要因素是紊动作用。泥沙的运动常受河底地形和水流内摩擦等的影响产生涡流。悬移质在沉降过程中被涡流带回上层，使泥沙上下漂移，沉降速度变慢，因此细颗粒泥沙往往被带到下游很远的地方。悬移质在水中浮游前进，它的迹线是很不规则的。浮游的位置，时而接近水面，时而接近河床。虽然有时也落到河床上停留，或发生置换现象，但浮游的持续性一般相当大。它沿水流方向前进的速度与水流速度基本相同。

研究表明，在运动的河流泥沙中，推移质的数量一般都比悬移质少，特别是平原地区的大中河流，推移质输沙率在总输沙率中所占比重更小。但是，由于推移质的运动状态与河床的冲淤变化息息相关，因此对推移质运动规律的研究与悬移质泥沙一样，都是十分重要的。

推移质和悬移质泥沙的划分主要针对冲积平原河流的一般情况。实际上，河流泥沙还有两种特殊的运动方式，即高含沙水流运动和异重流运动。

所谓高含沙水流，是指水流挟带的泥沙颗粒非常多，含沙量很大，以至于该挟沙水流在物理特性、运动特性和输沙特性等方面基本上不再像一般挟沙水流那样用牛顿流体进行描述。高含沙水流实际上已经不是普通意义的固液两相流，泥沙颗粒之间、泥沙颗粒与水流之间已经产生了足够的相互作用，使泥沙的运动不再仅仅是水流与泥沙颗粒之间的相互作用，而更多地呈现出“群体”的特征。有些情况可以称为“层移质”，有些情况干脆与水流一起，称为“伪一相流”。

异重流运动是指两种或两种以上的流体相互接触，而流体间有一定的但是较小的重度差异，其中一种流体沿着交界面的方向流动，在流动过程中不与其他流体发生全局性的掺混现象的运动。由于异重流的重度差很小，异重流中运动的泥沙所受到的重力作用远小于一般挟沙水流中的泥沙，因此泥沙的悬浮原理不同于一般挟沙水流中泥沙颗粒的悬浮；惯性作用相对显得十分突出，从而使得异重流具有轻易翻越障碍以及爬高的能力。

（二）泥沙的起动

泥沙的起动是一个非常复杂的问题，不仅取决于水流对泥沙的作用力，还与泥沙颗粒本身的性质和床面组成的均匀程度密切相关。水流对泥沙的作用力大情况下，泥沙就相对容易起动；水流对泥沙的作用力小情况下，泥沙就难以起动。对于泥沙级配细，颗粒间有黏结力，相对于粒径相近的散粒体泥沙就容易起动。泥沙颗粒如果受到其他泥沙颗粒的隐蔽作用，则其起动相对于无隐蔽作用的相同粒径的泥沙颗粒困难许多。

1. 沙粒的起动流速

水平河床上的沙粒运动的主要受推移力、上举力和泥沙自身重力作用。推移力、上举力分别为水流作用于泥沙颗粒的水平和垂直方向上。当泥沙颗粒位于水流中时，其迎水面对水流会产生阻水作用，使得水流流速减小，水流压力增大；泥沙颗粒背水面水流离解，水流形成旋涡，产生负压，两者合起来构成水平方向上的推移力 F_D。同时，由于流速分布不均匀，颗粒上、下的绕流不对称，颗粒上、下方压力不同，合起来构成了垂直方向上

的上举力 F_L，如图 2.2.1 所示。

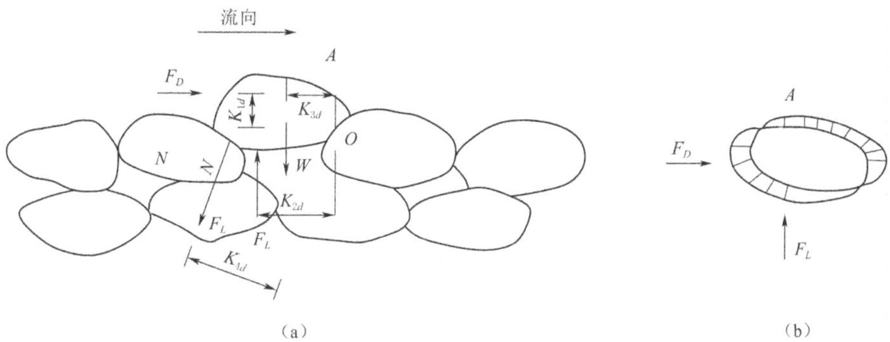

图 2.2.1 沙粒运动的受力示意图

大量研究表明，推移力和上举力实际上来自水流对颗粒的阻力在水平方向和垂直方向上的分量。可以将推移力和上举力写成如下形式[9]：

$$F_D=C_Da_1d^2\gamma\frac{u_b^2}{2g} \tag{2.2.1}$$

$$F_L=C_La_2d^2\gamma\frac{u_b^2}{2g} \tag{2.2.2}$$

式中：C_D、C_L 为推移力及上举力系数；a_1、a_2 为垂直于水流方向及铅直方向的沙粒面积系数；g 为重力加速度；d 为泥沙粒径；u_b 为作用于沙粒的流层的有效瞬时流速。

沙粒在水中所受的有效重力即沙粒的净重为

$$W=a_3(\gamma_s-\gamma)d^3 \tag{2.2.3}$$

式中：γ_s 为沙粒容重；a_3 为沙粒体积系数；d 为泥沙粒径。

如果沙粒采取滚动的形式起动，则推移力、上举力 F_D、F_L 将构成沙粒的起动力矩，而有效重力 W 则将构成沙粒抗拒起动的力矩。若以图 2.2.1 中的 O 点为转动中心，则表达沙粒起动临界条件的动力平衡方程式应为

$$K_1dF_D+K_2dF_L=K_3dW \tag{2.2.4}$$

式中：K_1d、K_2d、K_3d 为 F_D、F_L、W 的相应力臂。

将式（2.2.1）、式（2.2.2）和式（2.2.3）代入式（2.2.4），整理后可得

$$u_b=u_{bc}=\left(\frac{2K_3a_3}{K_1C_Da_1+K_2C_La_2}\right)^{\frac{1}{2}}\sqrt{\frac{\gamma_s-\gamma}{\gamma}gd} \tag{2.2.5}$$

式中：u_{bc} 为起动流速。

如果泥沙颗粒开始运动时沿着床面滑动，则起动临界状态下力的平衡方程式为

$$F_D=(W-F_L)f \tag{2.2.6}$$

式中：f 为摩擦系数。

将式（2.2.1）、式（2.2.2）和式（2.2.3）代入式（2.2.6），可得起动时作用于泥沙颗粒上的临界有效瞬时流速 u_b。即

$$u_b=u_{bc}=\left(\frac{2fa_3}{C_Da_1+fC_La_2}\right)^{\frac{1}{2}}\sqrt{\frac{\gamma_s-\gamma}{\gamma}gd} \tag{2.2.7}$$

式（2.2.5）与式（2.2.7）相比，除系数表达形式不同外，起动流速与粒径、有效重力的关系是完全一致的。

2. 散粒体均匀泥沙的起动流速

大量野外观测和室内实验表明，粗颗粒泥沙和极细的黏土，仅在很强的水流作用下才会起动，因此泥沙的起动，一方面取决于水流条件；另一方面还与泥沙的特性有关。粗颗粒的散粒体泥沙较难起动，主要受泥沙重力作用的影响；黏土颗粒甚细，也难起动，则是由颗粒之间黏结力造成的。研究表明，散粒体泥沙是一颗一颗分别起动的。

对均匀散粒体泥沙在起动条件下的受力分析，式（2.2.5）与式（2.2.7）仍适用。只是流速 u_b、作用力 F_D、F_L，临界底速 u_{bc} 分别改为时均值 $\overline{u_b}$、$\overline{F_D}$、$\overline{F_L}$、$\overline{u_{bc}}$。

由于作用于泥沙的近底流速（即时均流速 $\overline{u_b}$，以下同）在实际工作中不易确定，为运用方便起见，以用垂线平均流速 U 来代替为宜。现采用如下形式的指数流速分布公式：

$$u=u_h\left(\frac{y}{h}\right)^m \tag{2.2.8}$$

式中：u_h 为 $y=h$ 处，即水流表面流速；h 为水深；u 为距河底 y 处流速；m 为指数。

由式（2.2.8）可求得垂线平均流速为

$$U=\frac{u_h}{h}\int_0^h\left(\frac{y}{h}\right)^m \mathrm{d}y=\frac{u_h}{1+m} \tag{2.2.9}$$

$$u_h=U(1+m) \tag{2.2.10}$$

如果取 $y=\alpha d$ 处的流速作为作用于沙粒上的流速的平均值，可得

$$u_b=(1+m)\alpha^m U\left(\frac{d}{h}\right)^m \tag{2.2.11}$$

式（2.2.11）代入起动流速公式，可得

$$U_c=\eta\sqrt{\frac{\gamma_s-\gamma}{\gamma}gd}\left(\frac{h}{d}\right)^m \tag{2.2.12}$$

式中：U_c 为处于起动临界条件下的垂线平均流速，通称起动流速；η 为综合系数。

滚动的形式起动：

$$\eta=\frac{1}{(1+m)\alpha^m}\left(\frac{2K_3a_3}{K_1C_Da_1+K_2C_La_2}\right)^{\frac{1}{2}} \tag{2.2.13}$$

滑动的形式起动：

$$\eta=\frac{1}{(1+m)\alpha^m}\left(\frac{2fa_3}{C_Da_1+fC_La_2}\right)^{\frac{1}{2}} \tag{2.2.14}$$

在综合系数 η 中包含推移力系数、上举力系数、摩擦阻力系数等，由于对这 3 个系数的研究目前还很不充分，准确的定量关系自然难以建立。所以，综合系数只有根据起动流速的试验资料来确定。

沙莫夫（Г. И. ШаМоВ）根据实验室资料，求得 $\eta=1.14$，$m=1/6$。由此可得

$$U_c=1.14\sqrt{\frac{\gamma_s-\gamma}{\gamma}gd}\left(\frac{h}{d}\right)^{\frac{1}{6}} \tag{2.2.15}$$

对于天然沙，$\frac{\gamma_s-\gamma}{\gamma}=1.65$，式（2.2.15）简化为

$$U_c=4.6d^{\frac{1}{3}}h^{\frac{1}{6}} \tag{2.2.16}$$

公式的单位为 ms 制，U_c 单位为 m/s。适用为 $d>0.15\sim0.20$mm 散粒体泥沙。

如果采用对数流速分布公式积分求解垂线平均流速，则可以得到另外形式的起动流速公式，例如冈恰洛夫起动流速公式：

$$U_{bc}=1.07\lg\frac{8.8H}{d_{95}}\sqrt{\frac{\gamma_s-\gamma}{\gamma}gd} \tag{2.2.17}$$

式中：d_{95} 为粒配曲线上相当于 $P=95\%$的粗颗粒粒径。式中单位为 ms 制，适用范围 $d=0.08\sim1.5$mm。

3. 散粒体泥沙的起动拖曳力

大量研究表明，当粒径小于一定数值时，细颗粒泥沙也难以起动。部分研究者认为，在床面附近存在着一层很薄的边界层流层，当泥沙颗粒很细时，颗粒有可能部分甚至全部浸没在边界层流层内，从而使得泥沙颗粒受到边界层流层的隐蔽作用，使起动变得困难。根据这一设想，可以推得另一种类型的起动公式，即起动拖曳力公式。所谓起动拖曳力，即泥沙处于起动状态的床面剪切力，其值等于单位面积床面上的水体重量在水流方向的分力，即

$$\tau_0=\gamma hJ=\rho u_*^2 \tag{2.2.18}$$

式中：γ 为水的容重；J 为比降；ρ 为水的密度；u_* 为摩阻流速。

确定垂线平均流速时可采用如下的对数流速分布公式：

$$\frac{u}{u_*}=5.75\lg\left(30.2\frac{yx}{K_s}\right) \tag{2.2.19}$$

式中：u 为距离河床 y 处的流速；u_* 为摩阻流速；x 为考虑水流黏滞性影响的校正系数；K_s 为河床的糙度。当河床组成为均匀沙时，$K_s=d$；当河床组成为非均匀沙时，$K_s=d_{65}$ 校正系数 x 是一个无因次量，是河床的糙度和层流边界层厚度的函数，即 $x=f\left(\frac{K_s}{\delta}\right)$，其中 δ 为层流边界层的厚度。

式（2.2.19）概括了光滑床面流速分布公式、粗糙床面流速分布公式及过渡区流速分布公式。

取 $y=\alpha K_s$，代入式（2.2.19），求得作用底速为

$$u=5.75\lg(30.2\alpha x)u_* \tag{2.2.20}$$

将式（2.2.20）代入起动流速公式，可得

$$\frac{u_{*c}^2}{\frac{\gamma_s-\gamma}{\gamma}gd}=\frac{\tau_c}{(\gamma_s-\gamma)d}=\psi \tag{2.2.21}$$

式中：u_{*c} 为起动摩阻流速；τ_c 为起动拖曳力；ψ 为综合系数。

滚动的形式起动：

$$\psi=\frac{1}{[5.75\lg(30.2\alpha x)u_*]^2}\frac{2K_3a_3}{K_1C_Da_1+K_2C_La_2} \tag{2.2.22}$$

滑动的形式起动：

$$\psi=\frac{1}{[5.75\lg(30.2\alpha x)u_*]^2}\frac{2fa_3}{C_Da_1+fC_La_2} \tag{2.2.23}$$

与前文出现的式（2.2.13）和式（2.2.14）的综合系数 η 相比，由于 x 为沙粒雷诺数的函数，当颗粒属于沉降滞流区或者过渡区时，C_D、C_L 也是沙粒雷诺数的函数，所以实际上有

$$\frac{\tau_c}{(\gamma_s-\gamma)d}=f\left(\frac{u_*d}{\upsilon}\right) \tag{2.2.24}$$

式（2.2.24）即为希尔兹（A. Shields）的起动剪切力或者起动拖曳力公式，表示当泥沙容重一定时，起动拖曳力与沙粒粒径及沙粒雷诺数三者之间的关系。其中，函数的形式需要通过试验来确定。

4. 黏性泥沙的起动流速公式

黏性的泥沙颗粒，阻碍泥沙颗粒起动的因素除重力外，还有颗粒间的黏结力。设颗粒间的黏结力为 N（如图 2.2.1 所示），黏结力 N 可近似表达如下：

$$N=a_4\gamma d^2\left(\frac{d_1}{d}\right)^s(h_a+h) \tag{2.2.25}$$

式中：s 为正指数；d_1/d 为相对粒径。

考虑泥沙颗粒以滚动的形式起动。假设黏结力 N 的力矩为 K_4d，则表达沙粒临界起动条件的动力平衡方程式改写为

$$K_1dF_D+K_2dF_L=K_3dW+K_4dN \tag{2.2.26}$$

代入有关的表达式，经过化简后，可得

$$u_{bc}=\left(\frac{2K_3a_3}{K_1C_Da_1+K_2C_La_2}\right)^{\frac{1}{2}}\left[\frac{\gamma_s-\gamma}{\gamma}gd+\frac{K_4a_4}{K_3a_3}\left(\frac{d_1}{d}\right)^s g(h_a+h)\right]^{\frac{1}{2}} \tag{2.2.27}$$

结合指数流速分布公式，式（2.2.27）可转换成：

$$U_c=C_1\left(\frac{h}{d}\right)^m\left[\frac{\gamma_s-\gamma}{\gamma}gd+C_2\left(\frac{d_1}{d}\right)^s g(h_a+h)\right]^{\frac{1}{2}} \tag{2.2.28}$$

其中

$$C_1=\frac{1}{(1+m)a^m}\left(\frac{2K_3a_3}{K_1C_Da_1+K_2C_La_2}\right)^{\frac{1}{2}}$$

$$C_2=\frac{K_4a_4}{K_3a_3}$$

在不考虑近壁层流层影响的条件下，C_1、C_2 均为常数。式（2.2.28）中包含有 m、C_1、C_2、S 四个未知数，需凭借实测资料确定。下面介绍几个不同途径条件下得出的起动流速公式：

（1）唐存本公式：

$$U_c=1.79\frac{1}{1+m}\left(\frac{h}{d}\right)^m\left[\frac{\gamma_s-\gamma}{\gamma}gd+\left(\frac{\gamma'}{\gamma'_c}\right)\frac{C}{\rho d}\right] \tag{2.2.29}$$

式中：m 为变值，天然河道一般取 m＝1/6；γ'、γ'_c 分别为干容重和稳定干容重，其中 γ'_c 为 1.6g/cm^2；C 为综合黏结力系数，$C=8.885\times10^{-5}$N/m。

(2) 张红武公式：

$$U_c=3.5\left(\frac{\gamma_s-\gamma}{\gamma}g\right)^{\frac{2}{9}}\frac{\upsilon^{\frac{5}{9}}}{\sqrt{d}}h^{\frac{1}{6}} \tag{2.2.30}$$

该式主要适用于 $d\leqslant 0.15$mm 的细沙河床。

(3) 沙玉清公式：

$$U_c=\left[0.267\times\left(\frac{\delta}{h}\right)^{0.25}+6.67\times10^6\times(0.7-\varepsilon)^4\left(\frac{\delta}{h}\right)^2\right]^{0.5}\sqrt{\frac{\gamma_s-\gamma}{\gamma}gd}\,h^{0.2} \tag{2.2.31}$$

式中：δ 为薄膜水厚度，取 0.0001mm；ε 为孔隙率，其稳定值为 0.4。

(4) 窦国仁公式：

$$U_c=1.34\times\left(\frac{h}{d}\right)^{0.14}\left[\frac{\gamma_s-\gamma}{\gamma}gd+0.00000496\left(\frac{\mathrm{d}_1}{d}\right)^{0.72}\mathrm{g}(h_a+h)\right]^{\frac{1}{2}} \tag{2.2.32}$$

(5) 张瑞瑾公式：

$$U_c=\left(\frac{h}{d}\right)^{0.14}\left(1.76\,\frac{\gamma_s-\gamma}{\gamma}d+0.000000605\,\frac{10+\mathrm{h}}{d^{0.72}}\right)^{\frac{1}{2}} \tag{2.2.33}$$

二、沙波运动与动床阻力

当推移质泥沙运动达到一定程度时，河床表面就会出现起伏不平但又比较规则的波状起伏，称为沙波。沙波是推移质泥沙运动的主要外在表现形式，对水流结构、泥沙运动和河床演变均有重大影响。

（一）沙波的形态和运动特性

图 2.2.2 为一般沙波的纵剖面示意图。向上隆起的最高点称为波峰；向下凹入最低点叫做波谷；相邻两波谷之间或相邻两波峰之间的距离，称为波长 L；波谷至波峰的铅直距离称为波高 h_0。从大量研究和野外观测可以发现，沙波的迎水面的坡度较小，背水面的坡度较大。背流一面的坡度约与泥沙的水下休止坡度相等或略陡。

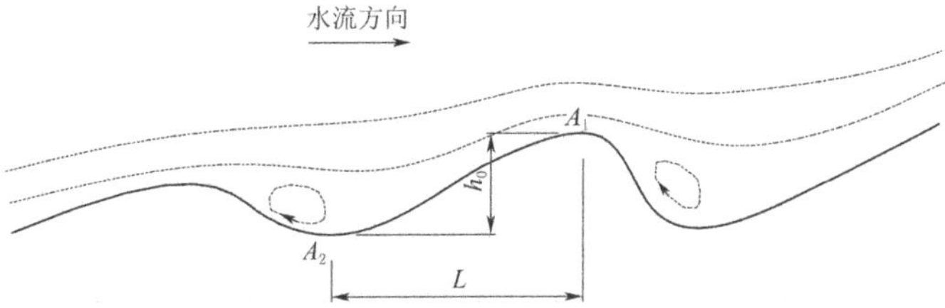

图 2.2.2 沙波的纵剖面

沙波表面附近的水流流态和沙波的纵剖面形态紧密相关。沙波表面附近的水流速度在波谷处最小，在波峰处最大。水流越过波峰后，常常发生离解现象，产生横轴环流。此时波谷背水面的水流速度将出现负值，而波谷以下迎水面上的水流速度仍为正值。正负流速之间的停滞点位于波谷附近。流速大的地方，泥沙运动得快；流速较小的地方，泥沙运动得慢；当流速小于泥沙起动流速时，泥沙将停止运动；在流速为正值的地方，泥沙将向下游方向运动；在流速为负值的地方，泥沙将向上游方向运动。水流的停滞点同样也是泥沙的停滞点。

综上分析可知，沙波的迎流坡坡面，属于冲刷区。主要原因是这个区域里沙波表面附近的流速是沿程递增的，故就这个区域里来沙量将小于去沙量，所以产生冲刷现象。沙波的背流坡坡面，属于淤积区。主要原因是这个区域为平轴环流所控制，泥沙输移基本上只进不出，故出现淤高现象。沙波迎流面冲刷，背流面淤积，形成整个沙波向下游“爬行”的运动趋势。如果水流是恒定流，则沙波将沿流向以缓慢的速度顺水流往下游运动；而沙波的尺度和形态基本上保持不变。

沙波的运动有两个重要现象。一是从上游沿着迎水面带来的泥沙，当落入背水面的旋涡时，粗泥沙堆积在谷底，细泥沙在负流速作用下沿着背水面向上运动，越细的泥沙就越向上，就形成上细下粗的分层淤积。二是每一颗运动的泥沙，其速度接近水流的运动速度，但当它受到重力作用，落入波谷时就不再前进，要等到这些泥沙再次处于下一个沙波的迎水面上时才继续运动，因此组成沙波的全部泥沙的平均运动速度也就是沙波的运动速度，整体来看，运动速度很小。

沙波的形状是多种多样的，从沙坡平面形态和尺度大致可分为四种类型：

（1）带状沙波：波峰线基本上相互平行，并与流向垂直，或略显斜交。这类沙波在天然河道中和试验室中出现的机会都较少，只是在水流接近于二度流，沙波形成的初期才可能出现。

（2）断续蛇曲状沙波：波峰线呈不规则曲线，时断时续，大致与流向垂直。这类沙波是试验室和天然河道最常见的沙波。

（3）新月形沙波：波宽与波长基本上相等，单行与双行彼此交错，排列比较整齐，与天空中经常出现的鱼鳞状云浪相似。波峰线凸向上游，如上弦月。这类沙波也是试验室和天然河道常见的一种。

（4）舌状沙波：与新月形沙波类似，但波峰线凸向下游。

沙波的平面形态及其相应的水流特点对沙波运动的影响，主要表现在平轴环流的走向上。如果波峰线完全与水流垂直，则平轴环流呈封闭状。泥沙将沿水流方向前进，横向运动很弱。如果波峰线与水流斜交，则在沿波峰线方向，存在水流分速，平轴环流将转化为螺旋流。越过波峰进入波谷的泥沙，和被螺旋流从床面卷起的泥沙，有一部分会沿着波峰线方向前进，使得泥沙在沿水流方向前进的同时，还发生横向运动。泥沙的这种运动特点，反过来又对沙波的形态及其排列和运动状况产生重大影响。

天然河道中的沙波尺度大小变化很大。从沙波的几何尺度来分，主要有以下种类：最小的一种称为沙纹，波高1～2cm，波长几厘米到十几厘米，在天然河道的沙滩上可以经常看到。中等大小的沙波叫沙垄，尺度变幅很大，波高由不足3m，波长由几米至100m以上不等。在天然河道的边滩上，这种沙垄也常可看到。最大的一种称为沙丘或者沙滩，实际上是一种泥沙成型堆积体。天然河道顺直河段上枯水期露出的犬牙交错状边滩，就是这种泥沙成型堆积体，波高一般为几米，波长则长达几百米至1000m以上。在天然河道中，上述几种沙波往往同时存在。沙纹爬行于沙垄之上，而沙垄则爬行于泥沙成型堆积体之上。

（二）沙波的产生及消灭过程

沙波有其产生、发展和消亡的过程，这个过程与水流的强度是密切相关。

设想水流流过平整静止的河床床面。在水流达到一定强度以后，部分沙粒开始运动，随后少量沙粒聚集在床面的某些部分，形成小丘，随后向前移动加长，连接成为形状极其规则的沙纹。沙纹尺寸较小，与水道几何尺寸的关系不大。随着水流强度的进一步增加，波长、波高均有增加，波纹成长为沙垄。沙垄和沙纹不同，它受到整个水道几何尺寸的影响，在大小不一的河流里，沙垄所能达到的高度和长度很不一样。在沙垄发展到一定高度以后，如果水流强度继续增加，则峰后的平轴环流区在水流方向所占的空间越来越长。卷入环流区的泥沙不一定落到沙垄的背水坡上，而会沉积在距沙垄坡脚稍远的地方；同时，越过环流区被水流挟带到更下游的沙粒也愈来愈多。这两个因素都导致沙垄的波高减小，波长加大，沙垄逐渐趋于衰微，终至河床再一次恢复平整。在此以后，如果水流强度继续增加，将再一次出现沙波，但此时的沙波已不是一般沙波，而是驻波或逆行沙波了。某些室内实验资料还表明，水流强度更进一步的增加，还将使水面波破碎，以至出现急滩与深潭相间的类似山区河流的床面形态（如图 2.2.3 所示）。

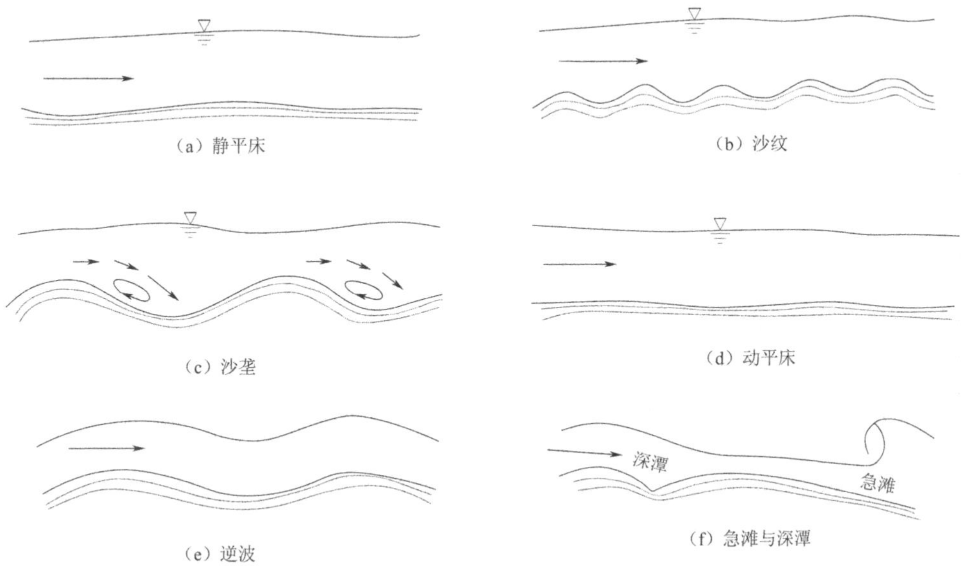

（a）静平床　（b）沙纹　（c）沙垄　（d）动平床　（e）逆波　（f）急滩与深潭

图 2.2.3　沙波发展过程

从上面分析可以看出，随着水流强度的增加，沙波从产生、发展、消失到再产生的过程。在天然河道中，这个过程并不是一个接一个依次发生的，而往往是同时存在几种不同的床面形态，各自经历着不同的发展过程。主要由天然河道水力、泥沙因素在同一河道不同部位的分布不均匀造成。

（三）动床阻力

冲积河流河床上常有泥沙运动，并且往往形成起伏不平的沙波。因此，它的阻力与定床阻力不同，称为动床阻力。

1. 动床阻力的基本特性

一般情况，动床阻力由以下两部分组成：

（1）沙粒阻力也称表面阻力，是沙波迎水坡面上泥沙颗粒产生的阻力。由于动床的沙粒在水流作用下是可动的，因此动床沙粒阻力也与定床沙粒阻力不同。

(2) 沙波阻力也称形态阻力，是沙波背后水流分离，形成旋涡而产生的阻力，这部分阻力是定床阻力所没有的，它随着沙波的形态和尺度而改变。

用 τ 表示综合阻力，τ'表示沙粒阻力，τ''表示沙波阻力，则有

$$\tau=\tau'+\tau'' \tag{2.2.34}$$

式 (2.2.34) 中，τ'、τ''有不同的表达方法，常用的为水力半径分割法和能坡分割法。

水力半径分割法：

$$\begin{cases}\tau=\gamma RJ\\ \tau'=\gamma R'J\\ \tau''=\gamma R''J\end{cases} \tag{2.2.35}$$

式中：R、R'、R''为相应于河床综合阻力、沙粒阻力和沙波阻力的水力半径。

能坡分割法：

$$\begin{cases}\tau=\gamma RJ\\ \tau'=\gamma RJ'\\ \tau''=\gamma RJ''\end{cases} \tag{2.2.36}$$

式中：J、J'、J''为相应于河床综合阻力、沙粒阻力和沙波阻力的能坡。

由于泥沙运动和沙波形态尺度随水流情况而变化，因此动床阻力也不可能是一个常数，而是随着水力条件而改变的。

2. 动床阻力计算方法

河床主要由泥沙组成的冲积河流，水流强度增大，流速增加，床面将由静止的平整状态（静平床)，发展成沙纹、沙垄；再由沙垄的逐渐衰减，床面恢复到运动的平整状态(动平床)；然后发展到出现驻波或逆行沙波。显然这种床面形态的变化，必然影响到沙粒阻力和沙波阻力的大小及其对比关系，从而影响河床阻力。

当床面处于静平床状态时，尽管河床由可动沙粒组成，但其阻力与定床情况相类似，只需要考虑沙粒阻力；当床面出现沙波时，则必须同时考虑沙粒阻力和沙波阻力。另外，当床面上的泥沙处于运动状态时，则泥沙的运动也将消耗能量。完整的动床阻力计算，应该全面考虑河床形态发展的各个阶段和影响阻力的所有因素。但现在的动床阻力计算很难完全考虑这些因素。

(1) 爱因斯坦 (Einstein H. A.) 公式。爱因斯坦公式是基于分割水力半径的计算方法。阻力公式：

$$\frac{U}{u_*}=5.75\lg\left(12.27\frac{Rx}{K_s}\right) \tag{2.2.37}$$

光滑床面情况下，阻力公式为

$$\frac{U}{u_*}=5.75\lg\frac{Ru_*}{\nu}+3.25 \tag{2.2.38}$$

粗糙床面情况下，阻力公式为

$$\frac{U}{u_*}=5.75\lg\frac{R}{K_s}+6.25 \tag{2.2.39}$$

床面发展到出现沙波之后，爱因斯坦认为上述公式仍然可用，但限于描述沙粒阻力，阻力公式应改写成如下形式：

$$\frac{U}{u'_*}=5.75\lg\left(12.27\frac{R'x}{K_s}\right) \tag{2.2.40}$$

式中：u'_* 为相应于沙粒阻力的摩阻流速，$u'_*=\sqrt{gR'J}$。

相应的，光滑床面情况下，阻力公式为

$$\frac{U}{u'_*}=5.75\lg\frac{R'u'_*}{\nu}+3.25 \tag{2.2.41}$$

粗糙床面情况下，阻力公式为

$$\frac{U}{u'_*}=5.75\lg\frac{R'}{K_s}+6.25 \tag{2.2.42}$$

爱因斯坦认为，沙波的阻力系数 f''应与推移质输移强度有关，而推移质输移强应与下述水流强度参数有关：

$$\psi'=\frac{(\gamma_s-\gamma)d_{35}}{\gamma R'J} \tag{2.2.43}$$

存在$\frac{U}{u'_*}\propto\psi'$的函数关系。爱因斯坦整理实际资料，得到如图 2.2.4 所示曲线。

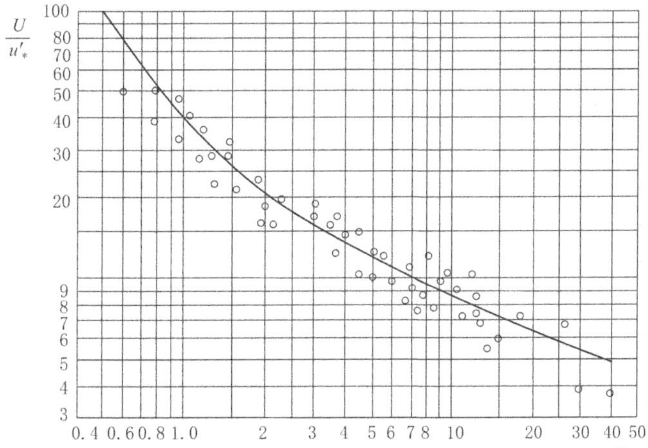

图 2.2.4 $\frac{U}{u'_*}\propto\psi'$关系图

(2) 英格伦 (F. Engelund) 公式。在不区分河底、河岸糙度的条件下应为

$$J=J'+J'' \tag{2.2.44}$$

考虑与沙波阻力有关的能坡 J''由一系列的扩大损失造成，局部阻力损失计算公式可表示为

$$h_f=\left(1-\frac{A_1}{A_2}\right)^2\frac{U_1^2}{2g} \tag{2.2.45}$$

式中：h_f 为突然扩大局部阻力损失水头；U_1 为突然扩大前断面平均流速；A_1、A_2 为突变前后过水断面面积。

对单位宽度的沙波而言，即

$$\begin{cases}A_1=h-\dfrac{1}{2}h_s\\ A_2=h+\dfrac{1}{2}h_s\end{cases} \tag{2.2.46}$$

式中：h 为沙波上面平均水深；h_s 为波高。

$$J''=\frac{h''_f}{\lambda}=\frac{q^2}{2g\lambda\left(h-\frac{1}{2}h_s\right)^2}\left(1-\frac{h-\frac{1}{2}h_s}{h+\frac{1}{2}h_s}\right)^2=\frac{q^2}{2g\lambda h^2}\left(\frac{h}{h-\frac{1}{2}h_s}-\frac{h}{h+\frac{1}{2}h_s}\right)^2$$

$$\approx\frac{U^2}{2g\lambda}\left(\frac{h_s}{h}\right)^2=\frac{U^2}{2gh}\left(\frac{h}{\lambda}\right)\left(\frac{h_s}{h}\right)^2 \tag{2.2.47}$$

式中：λ 为沙波波长。

将 J''值代入式（2.2.45），乘以 λh 再除以（$\gamma_s-\gamma$）d，即得

$$\theta=\theta'+\theta'' \tag{2.2.48}$$

其中

$$\theta=\frac{\tau}{(\gamma_s-\gamma)d}$$

$$\theta'=\frac{\tau'}{(\gamma_s-\gamma)d}$$

$$\theta''=\frac{1}{2}\frac{\gamma}{\gamma_s-\gamma}\left(\frac{h}{d}\right)\left(\frac{U^2}{gh}\right)\left(\frac{h}{\lambda}\right)\left(\frac{h_s}{h}\right)^2$$

对于非均匀沙，d 可取为 d_{50} 或 d_g。

运用相似论推断以下关系：

$$\theta=\theta(\theta') \tag{2.2.49}$$

根据试验资料整理可有以下关系：

$$\theta''=\theta''(\theta') \tag{2.2.50}$$

英格伦在运用 $\theta\sim\theta'$关系曲线进行计算时，取

$$\tau'=\gamma R'J \tag{2.2.51}$$

可得沙粒阻力公式：

$$\frac{U}{u'_*}=5.75\lg\frac{R'}{2d_{65}}+6 \tag{2.2.52}$$

三、推移质输沙率

单位时间内通过过水断面的推移质数量称为推移质输沙率，用 G_b 表示，单位为 kg/s、N/s 或 m^3/s。以单位宽度的输沙率来表示推移质泥沙的输移强度，即在一定水力、泥沙条件下，单位时间内通过过水断面单位宽度的推移质数量称为单宽推移质输沙率，简称单宽输沙率，用 g_b 表示，单位一般为 kg/(m·s)、N/(m·s) 或 $m^3/(m\cdot s)$。

推移质输沙率与单宽推移质输沙率之间关系可以下式表示：

$$G_b=\int_0^B g_{bi}dz=\sum_{i=0}^{n}g_{bi}b_i \tag{2.2.53}$$

式中：G_b 为断面推移质输沙率；g_{bi} 为 i 垂线或 i 流束的单宽推移质输沙率；z 为横向坐标；b_i 为 i 流束宽度；B 为河宽。

（一）流速为主要指标的推移质输沙率公式

设想推移质泥沙前进的速度为 U_s，推移质泥沙运动的床面层的厚度为 Kd，则单宽输沙率 g_b 为

$$g_b=\rho_s U_s m_s Kd \tag{2.2.54}$$

式中：m_s 为推移质泥沙运动层中，运动着的泥沙体积占整个运动层体积的百分比，称动密实系数；K 为表征运动层厚度的系数，通常 $K=1\sim3$。

床面泥沙受水流作用而运动，泥沙的密度大于水流的密度，因此推移质泥沙运动的速度 U_s 也必然小于近底层水流的作用流速 U_b。研究表明，泥沙的运动速度与水流垂线平均流速和起动流速之间有如下关系：

$$U_s=A(U-U_c) \tag{2.2.55}$$

式中：A 为比例系数，$A=0.9\sim1.0$。

考虑到泥沙运动速度 U_s 与近底流速 U_{bc} 存在更直接的关系，可得

$$U_s=A'(U_b-U_{bc}) \tag{2.2.56}$$

由指数流速分布公式可得

$$U_b=(1+m)\alpha^m U\left(\frac{d}{h}\right)^m \tag{2.2.57}$$

$$U_{bc}=(1+m)\alpha^m U_c\left(\frac{d}{h}\right)^m \tag{2.2.58}$$

所以

$$U_s=(1+m)\alpha^m(U-U_c)\left(\frac{d}{h}\right)^m \tag{2.2.59}$$

动密实系数应该随着流速的增加而增大，随起动流速的增加而减小，因此

$$m_s=\eta\left(\frac{U}{U_c}\right)^n \tag{2.2.60}$$

式中：n 为指数；η 为系数。

由式（2.2.59）和式（2.2.60）可得

$$g_b=\varphi\rho_s d(U-U_c)\left(\frac{U}{U_c}\right)\left(\frac{d}{h}\right)^m \tag{2.2.61}$$

式中：φ 为综合系数，'$\varphi=(1+m)\alpha^m A'K\eta$；$n$、$m$ 为待定指数，根据实测推移质输沙率资料反求。

1. 沙莫夫推移质输沙率公式

$$g_b=0.95\sqrt{d}\left(\frac{U}{U_c'}\right)^3(U-U_c')\left(\frac{d}{h}\right)^{\frac{1}{4}} \tag{2.2.62}$$

式中参数取值范围：$d=0.2\sim0.73$mm，$13\sim65$mm；$h=1.02\sim3.94$m，$0.8\sim2.16$m；$U=0.40\sim1.02$m/s，$0.80\sim2.95$m/s。

2. 冈恰洛夫公式

$$g_b=2.08d\left(\frac{U}{U_c'}\right)^3(U-U_c')\left(\frac{d}{h}\right)^{\frac{1}{10}} \tag{2.2.63}$$

式中参数取值范围：$d=0.08\sim10\text{mm}$，$\frac{h}{d}=10\sim1550$，$\frac{U}{U_c}=1.0\sim18$。

（二）拖曳力为主要指标的推移质输沙率公式

1. 杜博埃（P. DuBoys）公式

$$g_b=\psi\tau_0(\tau_0-\tau_c) \tag{2.2.64}$$

式中：τ_c 为起动拖曳力，$\tau_c=f(\tau_0-\tau_c)d$，f 为摩擦系数；τ_0 为拖曳力；ψ 为表征泥沙输移的特性系数。

2. 耶格阿扎罗夫公式

$$g_b=k\frac{\rho_s}{\frac{\rho_s-\rho}{\rho}}qJ^{\frac{1}{2}}\left(\frac{\tau_0-\tau_c}{\tau_c}\right) \tag{2.2.65}$$

式中：q 为单宽流量；J 为比降；k 为常数，取为 0.01～0.03，平均值为 0.015。耶格阿扎罗夫所引用的实际资料中，泥沙粒径的变化范围为 $d=0.375\sim62.5\text{mm}$。

3. 梅叶-彼德用于宽浅河槽公式

$$g_b=\frac{\left[\left(\frac{n}{n'}\right)^{\frac{3}{2}}\gamma hJ-0.047(\gamma_s-\gamma)d\right]^{\frac{3}{2}}}{0.125\rho^{\frac{1}{2}}\left(\frac{\rho_s-\rho}{\rho}\right)} \tag{2.2.66}$$

式中：n 为曼宁糙率系数；n'为河床平整情况下的沙粒曼宁糙率系数，$n'=d_{90}^{\frac{1}{6}}/26$；$d_{90}$ 为粒配曲线中 90%较之为小的粒径。式中的基本单位为 t、m、s，其中 γ、γ_s 的单位为 kN/m^3。

（三）基于能量平衡概念的输沙率公式

1. 拜格诺（Bagnold，RA.）公式

设在单位床面上运动的泥沙的有效质量为 W，运动速度为 U，则泥沙运动所遇到的阻力 R 为

$$R=W\tan\varphi_0 \tag{2.2.67}$$

式中：$\tan\varphi_0$ 为摩擦系数，对于球体颗粒 $\tan\varphi_0=0.63$。

单位时间内阻力所做的功为

$$N=W\tan\varphi_0U_s \tag{2.2.68}$$

式中：N 为有效功。

由 WU_s 是在单位时间内通过单位宽度的泥沙有效质量，即为 g_b'因而有

$$N=g_b'\tan\varphi_0 \tag{2.2.69}$$

水流作用的能量为

$$E=(\tau_0-\tau_c)U_b \tag{2.2.70}$$

式中：U_b 为邻近河底的流速，假设相当于颗粒顶部的流速；τ_c 为泥沙起动剪切力。

$$\frac{N}{E}=e_b \tag{2.2.71}$$

式中：e_b 为水流推移泥沙的效率系数。

代入后得

$$e_b = \tan\varphi_0 \frac{g_b'}{(\tau_0 - \tau_c)U_b} \tag{2.2.72}$$

$$g_b' = \frac{e_b}{\tan\varphi_0}(\tau_0 - \tau_c)U_b \tag{2.2.73}$$

根据流速分布公式可得当 $y=d$ 时，$U_b=8.16U_*$，所以

$$g_b' = K'(\tau_0 - \tau_c)U_* \tag{2.2.74}$$

其中 $K' = 8.16\dfrac{e_b}{\tan\varphi_0}$

将 g_b' 改成 g_b，则

$$g_b = K(\tau_0 - \tau_c)U_* \tag{2.2.75}$$

$\dfrac{e_b}{\tan\varphi_0}$与粒径 d 有关，如图 2.2.5 所示。

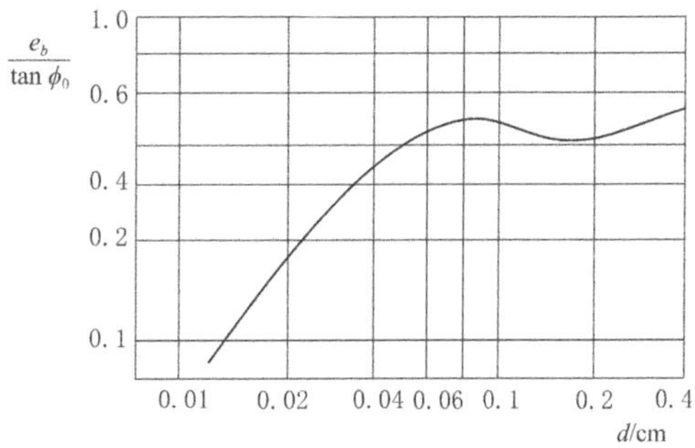

图 2.2.5 $\dfrac{e_b}{\tan\varphi_0}$与粒径 d 关系图

2. 王严平、张红武、张俊华公式

单位床面上的水流功率（即单位时间内的势能损失）一部分用于床面泥沙的起动；另一部分用于床面推移质泥沙的输移，建立了如下推移质输沙率计算公式：

$$q_s = 2.254\gamma_s\left(\frac{\gamma}{\gamma_s - \gamma}\right)^2 \frac{U^2(U^2 - U_c^2)}{A^2 g^{1.5} R^{\frac{1}{2}}}\left(\frac{D_{65}}{R}\right)^{\frac{1}{3}}\cot\varphi \tag{2.2.76}$$

式中：φ 为泥沙的水下休止角；R 为水力半径；A 为与泥沙粒径有关的系数，采用下式计算：

$$A = 1.54\ln d + 28.48 \tag{2.2.77}$$

（四）根据统计法则推导的输沙率公式

1. 泥沙起动的概率 P

泥沙颗粒受到的上举力 F_L，的表达式为

$$F_L = \lambda_L A_1 d^2 \gamma \frac{U_b^2}{2g} \tag{2.2.78}$$

式中：A_1 为沙粒面积系数，对于球体，$A_1 = \dfrac{\pi}{4}$。

坎鲁根（G. H. Keulegan）沙粒的流速 U_b 公式：

$$U_b^2 = R_b' J g \left[5.75\lg\left(10.6\frac{y_1}{n}\right)\right]^2 \tag{2.2.79}$$

式中：R_b'为与沙粒阻力相应的水力半径；n 为绝对糙率；y_1 为作用于沙粒的流速距离理论床面的有效高度，$\dfrac{n}{\delta}>1.8$ 时，$y_1=0.77n$；$\dfrac{n}{\delta}<1.8$ 时，$y_1=1.39\delta$（δ 为层流边界层厚度）。

根据埃尔-塞尼（El－Samni）的试验结果，对于均匀沙，上举力系数 $\lambda_L=0.178$。

将式（2.2.77）代入式（2.2.76）。考虑上举力的瞬时变化，在等式右边乘以

$(1+\eta)$，η 为随时间而变的参数，它表达水流脉动的不稳定性，代表附加于时均上举力之上的上举力的脉动，可以是正值，也可以是负值。因此，上举力 F_L 的表达式可以改写为

$$F_L=0.178\rho A_1 d^2\ \frac{1}{2}gR'_bJ\left[5.75\lg\left(10.6\ \frac{y_1}{n}\right)\right]^2(1+\eta) \tag{2.2.80}$$

由于上举力只能是正的，故 $1+\eta$ 只能从正值去理解。因此，可将 $1+\eta$ 取绝对值 $|1+\eta|$。

$$F_L=0.178\rho A_1 d^2\ \frac{1}{2}gR'_bJ\left[5.75\lg\left(10.6\ \frac{y_1}{n}\right)\right]^2|1+\eta| \tag{2.2.81}$$

作用于沙粒的有效重力 W 表示为

$$W=\alpha_1(\gamma_s-\gamma)d^3 \tag{2.2.82}$$

当 $F_L>W$ 时，沙粒才输移，所以起动概率 P 就是 $\frac{F_L}{W}<1$ 的概率。代入式（2.2.81）及式（2.2.82）并整理后，可得

$$|1+\eta|>B\psi\ \frac{1}{\beta_{y1}^2} \tag{2.2.83}$$

其中：$\psi=\frac{\rho_s-\rho}{\rho}\frac{d}{R'_bJ}$；$B=\frac{2\alpha_1}{0.178\times(5.75)^2A_1}$；$\beta_{y1}=\lg\left(\frac{y_1}{n}\right)$。

将式（2.2.83）两边平方后，再除以 η 的标准偏差 η_0（$\eta_0=\sqrt{\eta^2}$）的平方 η_0^2，令

$$\eta_*=\frac{\eta}{\eta_0} \tag{2.2.84}$$

η_* 是 η 的相对变化值，由此得沙粒起动条件为

$$\left(\frac{1}{\eta_0}+\eta_*\right)^2>\frac{B^2\psi^2}{\eta_0^2\beta_{y1}}=B_*^2\psi_*^2 \tag{2.2.85}$$

其中：$B_*=\frac{B}{\eta_0}$；$\psi_*=\frac{\psi}{B_{y1}}$。

式（2.2.85）的沙粒起动的临界条件又可以写成

$$\eta_*=\pm B_*\psi_*-\frac{1}{\eta_0} \tag{2.2.86}$$

脉动流速的分布规律符合高斯正常误差分布定律；η_* 仅与水流脉动有关，概率分布也应该遵循正常误差定律。沙粒起动概率与不动概率之和等于 1，起动概率 P 可写成

$$P=1-\frac{1}{\sqrt{\pi}}\int_{-B_*\psi_*-\frac{1}{\eta_0}}^{B_*\psi_*-\frac{1}{\eta_0}}e^{-\theta^2}\,d\theta \tag{2.2.87}$$

式中：θ 为积分变量，反映 η_* 的变化。

2. *床面冲刷比例*

如令 i_b 为床沙中粒径属于某一组的泥沙所占比例，单位面积中，此类大小的泥沙颗粒数为 $\frac{i_b}{A_1d^2}$，其中被冲走的颗粒数应为 $\frac{i_bP}{A_1d^2}$，设泥沙受水流作用完全脱离床面需要的时间为 t_1，则在单位时间中，从单位床面上可能冲走的这一组泥沙的颗粒数 N 应为

$$N=\frac{i_b P}{A_1 d^2 t_1} \tag{2.2.88}$$

根据实际观测，爱因斯坦认为时间 t_1 是泥沙水流作用完全脱离床面的时间，应该等于相同粒径的泥沙沉落到床面上所需要的时间，并与泥沙在水中下沉距离为 d 所需的时间成正比，也即

$$t_1 \propto \frac{d}{\omega} \tag{2.2.89}$$

对于粗颗粒泥沙有

$$\omega \propto \sqrt{\frac{\rho_s-\rho}{\rho}} \tag{2.2.90}$$

由此可得

$$t_1 = A_3 \sqrt{\frac{\rho d}{g(\rho_s-\rho)}} \tag{2.2.91}$$

式中：A_3 为系数。

由式（2.2.88）和式（2.2.91）可得

$$N=\frac{i_b P}{A_1 A_3 d^2}\sqrt{\frac{g(\rho_s-\rho)}{\rho}} \tag{2.2.92}$$

假设每颗泥沙每次运行所经过的平均距离为 $A_L d$，则通过某一断面的泥沙，将是从该断面以上距离为 $A_L d$ 的范围内冲来的泥沙。而在单位时间内从面积为 $A_L d\times1$ 的床面上有机会被冲走的该组泥沙的干重为 $A_L d N\alpha_1 d^3\gamma_s$，可得

$$i_B g_b = A_L d N\alpha_1 d^3\gamma_s \tag{2.2.93}$$

将式（2.2.92）代入式（2.2.93）得

$$\frac{i_B g_b}{\alpha_1 A_L g\rho_s d^4}=\frac{i_b P}{A_1 A_3 d^2}\sqrt{\frac{g(\rho_s-\rho)}{\rho}} \tag{2.2.94}$$

在水流运动强度较小时，即当 P 值较小时，泥沙的平均运行距离为 $A_L d=Kd$，K 是常数，约为 100。当水流运动强度较大，即 P 值较大时，通过某一过水断面的泥沙不仅包括从面积为 Kd 的床面上新冲起的泥沙，同时包括来自更上游冲泻质泥沙，面积为 $Kd\times1$。此时，$A_L d$ 将不等于 Kd，而是与水流强度有关，是概率 P 的函数。

假定单位时间内进入起始断面的某粒径组的泥沙颗数为 N'，在完成第一个行程的过程中，仅 $N'(1-P)$ 颗泥沙在 Kd 距离内沉积，剩下的 $N'P$ 颗泥沙则继续前进。经过第二个行程 Kd 的过程中，又只有 $N'P$（$1-P$）颗泥沙沉积在床面上，再剩下 $N'P^2$ 颗泥沙继续前进。如此继续，这 N'颗泥沙运行的总距离 L 应该等于经历不同行程的泥沙各自运行距离的总和，即

$$\begin{aligned}L&=N'(1-P)Kd+N'P(1-P)2Kd+N'P^2(1-P)3Kd+\cdots+N'P^{n-1}(1-P)nKd+\cdots\\&=N'\sum P^{n-1}(1-P)nKd=N'\frac{Kd}{1-P}\end{aligned} \tag{2.2.95}$$

则泥沙的平均运行距离为

$$A_L d=\frac{L}{N'}=\frac{1}{1-P}Kd \tag{2.2.96}$$

由式（2.2.96）和式（2.2.94）可得

$$\frac{P}{1-P}=\frac{A_1A_3}{\alpha_1 K}\frac{i_B}{i_b}\frac{g_b}{\rho_s gd}\left[\frac{\rho}{(\rho_s-\rho)gd}\right]^{\frac{1}{2}} \tag{2.2.97}$$

或

$$\frac{P}{1-P}=A_*\frac{i_B}{i_b}\varphi=A_*\varphi_* \tag{2.2.98}$$

其中：$A_*=\dfrac{A_1A_3}{\alpha_1 K}$，$\varphi_*=\dfrac{i_B}{i_b}\varphi$。

$$\varphi=\frac{g_b}{\rho_s gd}\left[\frac{\rho}{(\rho_s-\rho)gd}\right]^{\frac{1}{2}}\propto\frac{g_b}{\gamma_s d\omega} \tag{2.2.99}$$

由（2.2.98）可解得

$$P=\frac{A_*\varphi_*}{1+A_*\varphi_*} \tag{2.2.100}$$

将式（2.2.99）与式（2.2.87）联立，即得推移质泥沙输沙率公式：

$$P=1-\frac{1}{\sqrt{\pi}}\int_{-B_*\psi_*-\frac{1}{\eta_0}}^{B_*\psi_*-\frac{1}{\eta_0}}e^{-\theta^2}d\theta=\frac{A_*\varphi_*}{1+A_*\varphi_*} \tag{2.2.101}$$

一般情况下，η_0是常数，采用$\dfrac{1}{\eta_0}=2.0$，A_*和B_*也是常数，$A_*=\dfrac{1}{0.023}$，$B_*=\dfrac{1}{7}$。式（2.2.99）可写成：

$$\varphi_*=f(\psi_*) \tag{2.2.102}$$

由式（2.2.98）和式（2.2.99）可得

$$\varphi_*=\frac{i_B}{i_b}\varphi\propto\frac{i_B}{i_b}\frac{g_b}{\gamma_s d\omega} \tag{2.2.103}$$

因此，φ_*同样表明推移质输沙强度的大小，此值越大，推移质输沙率也越大。

由式（2.2.79）、式（2.2.83）与式（2.2.85）可知：

$$\psi_*=\frac{\rho_s-\rho}{\rho}gd\frac{1}{R_b'Jg\left[\lg\left(10.6\dfrac{y_1}{n}\right)\right]^2}\propto\left(\frac{\omega}{U_b}\right)^2 \tag{2.2.104}$$

可见，ψ_*是泥沙的水力粗度与泥沙的作用流速之比的函数，此值愈小，则表明水流对泥沙的作用愈强烈。

四、悬移质运动

（一）悬移质基本特点

悬移质在水流中的运动状态，不是滚动、滑动或跃移，而是在水流中悬浮前进，时而接近水面，时而接近河床。另外，推移质泥沙运动的间断性强，而悬移质泥沙运动的持续性一般相当大。

床沙及悬移质泥沙的组成具有以下特点：

（1）床沙比较均匀，而悬移质泥沙组成则很不均匀。反映在级配曲线上就是床沙的级配曲线坡度比较陡，而悬移质的级配曲线坡度比较缓。

（2）床沙的平均粒径常较后者的平均粒径大。

（3）床沙中的粗颗粒多于细颗粒，而悬移质中则是细颗粒多于粗颗粒，并且悬移质中较粗的一小部分泥沙是床沙中大量存在的，而大部分较细的泥沙却是床沙中少有的或根本没有的。

悬移质中粗细泥沙的差异关系到理论上和生产实践上一系列问题的处理。通常把悬移质中相当于组成床沙主体的粗颗粒泥沙称为床沙质，把悬移质中大部分细颗粒泥沙称为冲泻质。

悬移质中的床沙质和冲泻质是既有区别又有联系的两种泥沙。

床沙质在床沙中大量存在，有充分机会可以和床沙进行交换，故其输沙率和河流的水流条件有明确的关系。如果自上游进入河段的床沙质数量比河段的输沙能力小，水流就会一方面冲刷河床以得到泥沙补充，增加其挟带的沙量；另一方面通过冲刷对河床进行调整，降低河段输沙能力以适应来水来沙的条件。反之，当自上游进入河段的床沙数量大于水流能挟带的泥沙量时，则多余的部分就会落淤于河床上。由此可见，河段的床沙质输沙率和上游来沙量无关，只与本河段的水流条件有关。同时，床沙质与河道的冲淤变化有密切的关系。

冲泻质主要是从上游流域侵蚀来的，在床沙中少有的或没有。因此，如果上游的来量超过了本河段水流所能挟带的限度，一般也不会直接发生淤积，但如果上游的来量低于本河段水流所能挟带的限度，则得不到应有的补充。所以，一般情况下，河流中的冲泻质往往处于不饱和状态，它的含沙量大小主要取决于上游河段的来沙情况，而上游河段的来沙条件在很大程度上取决于流域内的地表冲蚀状况，所涉及的因素是复杂的。冲泻质在河段的床沙中很少或没有，说明这些泥沙几乎与床沙不发生交换，不参加这一河段的河床演变活动。它们只是一泻而过，所以一般情况下冲泻质与河床演变没有直接联系。

床沙质和冲泻质在一定条件下可以相互转化。一般情况来沙组成上游粗些，下游细些。由于下游河段的床沙组成细，上游河段冲泻质中的粗颗粒在下游河床中大量存在，可以和它们充分交换。上游河段冲泻质中的这些粗颗粒泥沙就成为下游河段床沙质了；对于同一河段，洪水期和枯水期，其床沙组成也可能会有变化。在水利枢纽下游河段，由于泥沙被拦蓄在水库中，下泻的清水使坝下游河床发生强烈冲刷，床面的细颗粒泥沙首先被冲起，床沙组成逐渐变粗，使原来属于床沙质的一部分泥沙成为冲泻质；在水库回水区，由于流速降低，泥沙落淤，河床组成变细，也会使原来属于冲泻质的一部分泥沙成为床沙质。

（二）悬移质运动的质量平衡律

1. 紊动扩散理论

根据紊动扩散理论，如果某一物理量 m 在呈现紊动状态，可作为连续介质看待的流体中分布不匀，具有沿任一方向 n 的浓度梯度$\frac{\partial m}{\partial n}$，则这一物理量将通过紊动作用由高浓度区向低浓度区扩散，其扩散强度为$-\varepsilon_n \frac{\partial m}{\partial n}$，此处 ε_n 为扩散系数，也称传递系数。

假定一微小正六面体 $\delta x \delta y \delta z$。设形心 M 的坐标为 x、y、z；y 轴沿垂线向上；M

处的时均含沙量为S（以质量表示）；泥沙的沉速为w；沿x、y、z三轴的时均流速的投影为u、v、w；悬移质扩散系数ε，在三轴向的投影为ε_{sx}、ε_{sy}、ε_{yz}。在此情况下，在微小时段δt中自六面体中垂直x轴的上游面进入六面体的悬移质质量为

$$\left[\overline{u}\ \overline{S}-\frac{1}{2}\frac{\partial(\overline{u}\ \overline{S})}{\partial x}\delta x\right]\delta y\delta z\delta t-\left[\varepsilon_{sz}\frac{\partial\overline{S}}{\partial x}-\frac{1}{2}\frac{\partial}{\partial x}\left(\varepsilon_{sx}\frac{\partial\overline{S}}{\partial x}\right)\delta x\right]\delta y\delta z\delta t \quad (2.2.105)$$

同时，自六面体中垂直x轴的下游面离开六面体的悬移质质量应为

$$\left[\overline{u}\ \overline{S}+\frac{1}{2}\frac{\partial(\overline{u}\ \overline{S})}{\partial x}\delta x\right]\delta y\delta z\delta t-\left[\varepsilon_{sz}\frac{\partial\overline{S}}{\partial x}+\frac{1}{2}\frac{\partial}{\partial x}\left(\varepsilon_{sx}\frac{\partial\overline{S}}{\partial x}\right)\delta x\right]\delta y\delta z\delta t \quad (2.2.106)$$

由式（2.2.105）和式（2.2.106）可得

$$\left[-\frac{\partial(\overline{u}\ \overline{S})}{\partial x}+\frac{\partial}{\partial x}\left(\varepsilon_{sx}\frac{\partial\overline{S}}{\partial x}\right)\right]\delta x\delta y\delta z\delta t \quad (2.2.107)$$

第三节 非均匀悬移质不平衡输沙

一、水流挟沙力

河道自然演变就是水流的作用下泥沙输移的结果，当河床上的泥沙产生冲刷时，河道会出现下切；当泥沙在河床上产生落淤时，河床将会被抬高；弯道水流会出现环流，使得弯道凹岸的泥沙冲刷并输移到凸岸，弯道变得更加弯曲；当凹岸不发生泥沙的冲刷，甚至出现淤积时，弯曲性有可能会降低。

泥沙的输移主要由水流运动引起的，挟沙力是指水流所能挟带的悬移质中床沙质的能力，系指具有一定水力因素的单位水体所能挟带的悬移质泥沙数量。在一般情况下，水流所挟带的冲泻质常处于不饱和状态，而只有床沙质能处于饱和状态。水流挟沙力的确切定义为：在一定的水流和泥沙综合条件（这些条件包括水流的平均流速、过水断面面积、水力半径、清水水流的比降、浑水水流的比降、泥沙沉速、水的密度、泥沙的密度和床面组成等边界条件）下，水流能够挟带的悬移质中的床沙质的临界含沙量。

二、水流挟沙力计算公式

1. 张瑞瑾水流挟沙力计算公式

泥沙悬浮在水流当中，必然和水流相互作用，包括水流的流速分布、紊动结构、能量损失等会受到一定影响。张瑞瑾认为泥沙的存在减弱了水流的紊动，悬浮泥沙的能量来自水流的紊动能。

基于制紊假说，挟带悬移质的水流的能量平衡方程式如下：

$$E-E_s=\Delta E \quad (2.3.1)$$

式中：E_s及E分别代表在单位时间单位流程里的均匀流中的浑水水流和清水水流在单位时间中的能量损失。

令A代表过水断面面积，S_V代表以体积百分数计的床沙质含沙量，U代表断面平均流速，J_s及J分别代表浑水水流及清水水流的比降，γ_s及γ分别代表床沙质及水的单位质量，则

$$E=\gamma AUJ \quad (2.3.2)$$

$$E_s=\gamma(1-S_V)AUJ_s+\gamma S_V AUJ_s \tag{2.3.3}$$

ΔE 与物理量 A、ω、S_V 以及泥沙在水中的有效容重 $\gamma_s-\gamma$ 等有关。所以

$$\Delta E=f_1(\gamma_s-\gamma,A,S_V,\omega) \tag{2.3.4}$$

或

$$f_2(\Delta E,\gamma_s-\gamma,A,S_V,\omega)=0 \tag{2.3.5}$$

由 π 定律可得

$$\Delta E=f_1\left[\frac{\Delta E}{(\gamma_s-\gamma)A\omega},S_V\right] \tag{2.3.6}$$

或

$$\Delta E=(\gamma_s-\gamma)A\omega f_4(S_V) \tag{2.3.7}$$

$\Delta f_4(S_V)$ 的具体形式不易确定。按制紊作用的观点，S_V 越大，则 ΔE 也越大；当 $S_V=0$ 时，$\Delta E=0$。故 $\Delta f_4(S_V)$ 可以近似地用指数关系式表达，即

$$\Delta f_4(S_V)=C_1S_V^{\alpha} \tag{2.3.8}$$

式中：C_1 及 α 分别为正值无量纲系数及指数。

将 E、E_s 及 ΔE 代入式（2.3.1）可得，即

$$S_V^{\alpha}=\frac{\gamma}{C_1(\gamma_s-\gamma)\omega}\frac{U}{\omega}(J-J_s) \tag{2.3.9}$$

其中：$J=f\dfrac{1}{4R}\dfrac{U^2}{2g}$，$J_s=f_s\dfrac{1}{4R}\dfrac{U^2}{2g}$。

f 及 f_4 分别为清、浑水水流的阻力系数，故式（2.3.9）可改写为

$$S_V^{\alpha}=\frac{\gamma}{C_1(\gamma_s-\gamma)\omega}(f-f_s)\frac{U^3}{gR\omega} \tag{2.3.10}$$

式中，$f-f_s$ 与含沙量 S_V 有关，S_V 越大，$f-f_s$ 也越大；当 $S_V=0$ 时，$f-f_s=0$，所以，可近似地以下式表达：

$$f-f_s=C_2S_V^{\beta} \tag{2.3.11}$$

式中：C_2 为正值无因次系数，β 为正值指数。将 $f-f_s$ 的关系式代入式（2.3.10）并加以整理，得

$$S_V=\left(\frac{C_2}{8C_1}\right)^{\frac{1}{\alpha-\beta}}\left[\frac{U^3}{\dfrac{\gamma_s-\gamma}{\gamma}gR\omega}\right]^{\frac{1}{\alpha-\beta}} \tag{2.3.12}$$

令 $\left(\dfrac{C_2}{8C_1}\right)^{\frac{1}{\alpha-\beta}}=C$，$\dfrac{1}{\alpha-\beta}=m$，$\dfrac{\gamma_s-\gamma}{\gamma}=a$，得

$$S_V=C\left[\frac{U^3}{agR\omega}\right]^m \tag{2.3.13}$$

含沙量通常以 kg/m^3 作单位，并以 S 代表，上式可改写为

$$S_V=C\gamma_s\left[\frac{U^3}{agR\omega}\right]^m \tag{2.3.14}$$

令 $\dfrac{c\gamma_s}{a^m}=K$，并以 S_* 代表不冲不淤临界情况下的含沙量，得

$$S_*=K\left[\frac{U^3}{gR\omega}\right]^m \tag{2.3.15}$$

2. 拜格诺水流挟沙力计算公式

拜格诺的水流功率理论，悬移质的输沙功率 W_s 用下式表示：

$$W_s=\frac{\gamma_s-\gamma}{\gamma_s}g_s\frac{\omega}{u_s} \tag{2.3.16}$$

式中：g_s 为单宽悬移质输沙率；u_s 为泥沙纵向运行速度。

单位床面上的水流功率为 τ_0U，其中用于使泥沙发生推移运动的部分为 $\tau_0U_{e_b}$，剩余的用于使泥沙悬移的部分应为

$$E_s=\tau_0U(1-e_b) \tag{2.3.17}$$

W_s 与 E_s 的关系为

$$W_s=E_se_s \tag{2.3.18}$$

即

$$\frac{\gamma_s-\gamma}{\gamma_s}g_s\frac{\omega}{u_s}=\tau_0U(1-e_b)e_s \tag{2.3.19}$$

式中：e_s 为水流悬移泥沙的效率。根据试验资料，$(1-e_b)e_s\approx0.01$，又泥沙纵向运行速度 u_s 可近似地认为与平均流速相等，则上式可改写成

$$g_s=0.01\frac{\gamma_s\tau_0U^2}{(\gamma_s-\gamma)\omega} \tag{2.3.20}$$

或

$$S_*=0.01\frac{\gamma_sU^3}{\frac{\gamma_s-\gamma}{\gamma}C^2h\omega} \tag{2.3.21}$$

式中：C 为谢才系数。

3. 经验公式

由于影响水流挟沙力的因素很复杂，运用通用公式进行计算，常常达不到所要求的精度。为了弥补这种缺陷，广泛地采取分析实测资料建立经验公式的方式。建立经验性水流挟沙力公式的一般方法和步骤如下：

(1) 实测资料的正确选择是建立公式的客观依据，因此全面了解和恰当选择实测资料是十分重要的一个步骤。所谓全面了解，指的是了解与所研究的水流挟沙力问题有关的实测水文泥沙因素有哪些，因素齐全的测次有多少，历时如何，各因素的变幅如何，观测仪器及方法如何（中间有无改变），精度如何，资料是否经过校核及整编等。经过这样系统的了解，对有关的实测资料心中有数，就可以进行恰当选择。恰当选择的过程就是去粗取精、去伪存真的过程。

(2) 确定与水流挟沙力有关的因素，即确定在表达临界含沙量 S_* 的经验公式中应包括哪些因素，这一步骤又可分两步进行。第一，先凭经验并参照现有的半理论公式及经验公式，大体列出反映水流挟沙力的临界含沙量 S_* 的各个因素。由于是初选，挑选的因素可以稍多一点。第二，对初选的每一因素和临界含沙量 S_* 做相关分析，把相关程度强的和较强的因素保留下来，把相关程度弱的因素进一步淘汰掉。

(3) 确定公式的结构形式，明确了哪些因素与临界含沙量 S_* 有关，就可以确定公式的结构形式。常用的办法是使建立的公式具有比较简单的指数形式。例如，在明确了与临界含沙量 S_* 有关的因素 X_1、X_2、X_3、X_4 以后应有

$$S_* = f(X_1, X_2, X_3, X_4) \tag{2.3.22}$$

可以把以上的关系式近似地改写为指数方程式的形式，即写成：

$$S = K_0 X_1^a X_2^b X_3^c X_4^d \tag{2.3.23}$$

并进而确定上式中的指数 a、b、c、d 及系数 K_0。确定这些指数和系数的方式有两种：一种是以上述选定的实测资料为依据，按照最小二乘法的原理，写出回归方程；另一种是以上述选定的实测资料为依据，逐步进行图解。图解的步骤是：先取与 S_* 相关程度最强的因素，例如 X_2，按实测资料数据在双对数纸上点绘 S_* 与 X_2 的关系，若近为直线，则视反映这一关系的指数为 b_0 暂时得到：

$$S_* \propto X_2^{b0} \tag{2.3.24}$$

接着取另一个与 S_* 相关程度较强的因素与 $\dfrac{S_*}{X_2^{b0}}$ 相对照（注意：不是与 S_* 相对照），将实测资料绘入双对数纸上，按照与上述类似的办法确定第二个因素的指数。如此类推，直到确定了最后一个因素的指数以后，再利用选定的实测资料将 S_* 与 $X_1^{a0} X_2^{b0} X_3^{c0} X_4^{d0}$（此处 a_0、b_0、c_0、d_0 为确定的指数）的关系绘入普通的坐标纸中，在图中尽可能绘出最能代表点群关系的直线，并根据这一直线确定常数 K_0，整个公式的结构便确定下来了。由于 $a = a_0$，$b = b_0$，…，$K = K_0$，故式（2.3.23）应为

$$S = K_0 X_1^{a0} X_2^{b0} X_3^{c0} X_4^{d0} \tag{2.3.25}$$

按照上述方法建立起来的经验公式，通常 $X_1^{a0} X_2^{b0} X_3^{c0} X_4^{d0}$ 的量纲不和谐，因而使常数 K_0 具有量纲。为了解决这一缺点，通常在得到 $S_* = f(X_1, X_2, X_3, X_4)$ 关系式之后，应用 π 定律，使 S_* 成为若干个无量纲的因素综合体的函数。如果已知道临界含沙量 S_* 只与断面平均流速 U、水力半径 R、水的容重 γ、悬移质的沉速 w、悬移质在水中的有效容重 $\gamma_s - \gamma$、重力加速度 g 等因素有关，即

$$S_* = f(U, R, \gamma, w, \gamma_s - \gamma, g) \tag{2.3.26}$$

运用 π 定律，可将式（2.3.26）改写为

$$S_* = f_1\left(\frac{w}{U}, \frac{U^2}{gR}, \frac{\gamma_s - \gamma}{\gamma}\right) \tag{2.3.27}$$

式中，$\dfrac{w}{U}$、$\dfrac{U^2}{gR}$、$\dfrac{\gamma_s - \gamma}{\gamma}$ 都是无量纲的因素综合体。因此，S_* 成为诸无量纲综合体的函数。得到式（2.3.27）以后，可再按前述办法，将它改写成指数形式：

$$S_* = K\left(\frac{w}{U}\right)^a \left(\frac{U^2}{gR}\right)^b \left(\frac{\gamma_s - \gamma}{\gamma}\right)^c \tag{2.3.28}$$

并采取前述步骤先后确定指数 a、b、c 及常数 K，从而使整个公式的结构确定下来。建立起来的公式，因次是和谐的，常数 K 没有因次，其物理意义比较清楚。

第四节 工程河段河道演变分析

一、河道岸线变化

图 2.4.1 和图 2.4.2 为工程河段 1988—2020 年的遥感影像。

工程段洪水期河道宽度在 720～1000m，左侧岸坡为山体，右侧岸坡受山体与堤防共同约束，近年基本无明显变化，岸坡相对稳定，两岸坡脚附近泥沙淤积形态可清晰显示凹岸冲刷、凸岸下游淤积的弯道特征。

从多年遥感图发现，1988—2011 年，在河道自然演变情况下，工程所在的右岸附近泥沙淤积带及下游下历沙洲清晰可见，且年际之间淤积带及沙洲的尺度较为稳定。2013 年 3 月 9 日影像显示，工程所在的右岸淤积带上部逐渐萎缩，下部仍清晰可见，下游下历沙洲的范围明显减小；至 2013 年 10 月 6 日，右岸淤积带仅剩尾部出露于水面之上，下游下历沙洲基本消失；2014 年 11 月 18 日以后，右岸淤积带及下历沙洲已经全部消失于水面以下。

图 2.4.1　工程河段历年遥感影像

二、等高线变化

基于工程河段 1999 年、2004 年、2014 年、2018 年、2020 年、2021 年及 2022 年的水下地形资料，开展河床演变趋势分析。不同年份水下地形形态如图 2.4.3～图 2.4.9。

从历年水下地形形态来看，工程河道主槽均位于左岸侧，在自然冲刷与航道整治作用下，水下地形高程基本维持在－5.0m 以下，深槽相对稳定，工程上游弯道的中央及右岸的工程上下游河床年际变化较为剧烈。

右岸不同高程等高线年份间的变化趋势基本一致，即距离右岸坡脚的距离呈现先减小再增大的趋势。1999 年时，各等高线远离右侧岸坡，其中工程断面上游弯道及下游下历沙洲距离岸坡较远，工程断面相对较近，0m 等高线距右岸坡脚最远距离分别为 285m、190m 和 590m；2014 年和 2018 年受工程河段采砂引起的河床整体下切影响，上游弯道处 0m 等高线基本贴近岸坡坡脚，工程断面与岸坡的距离由 100m 缩减至 10m，下游下历沙洲距离岸坡最远约 300m；2020 年以后，随着人为干预减少，右岸岸边附近回淤，0m 等高线距右岸坡脚距离保持在 70～100m。

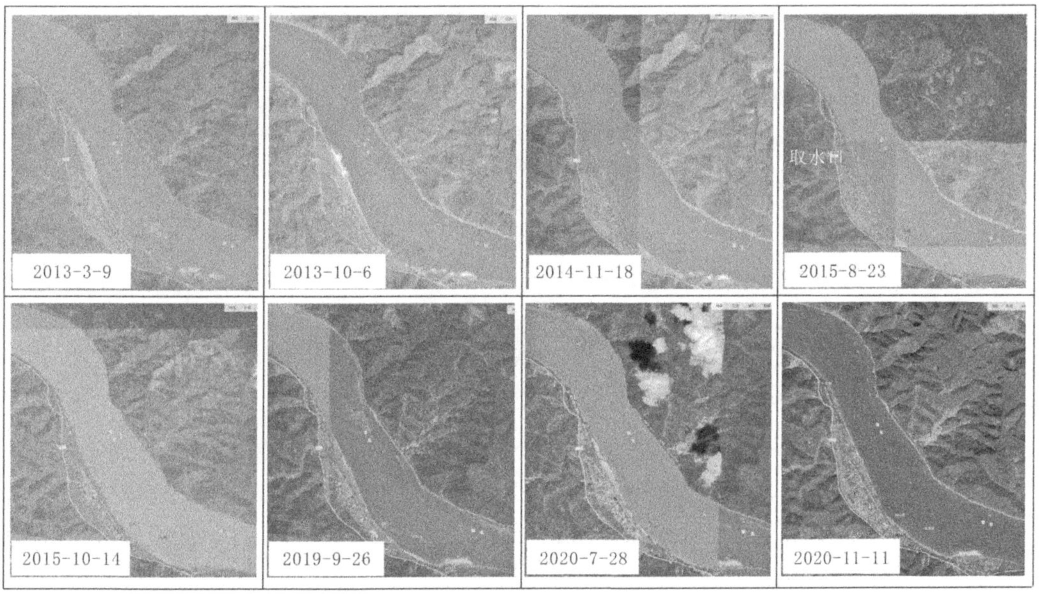

图 2.4.2　工程河段近年遥感影像

整体来看，在河道自然演变情况下，各等高线距离坡脚距离相对稳定，受人为作用下河道水下地形变化较为剧烈，近期人为干预减小，呈现慢慢回淤的态势。

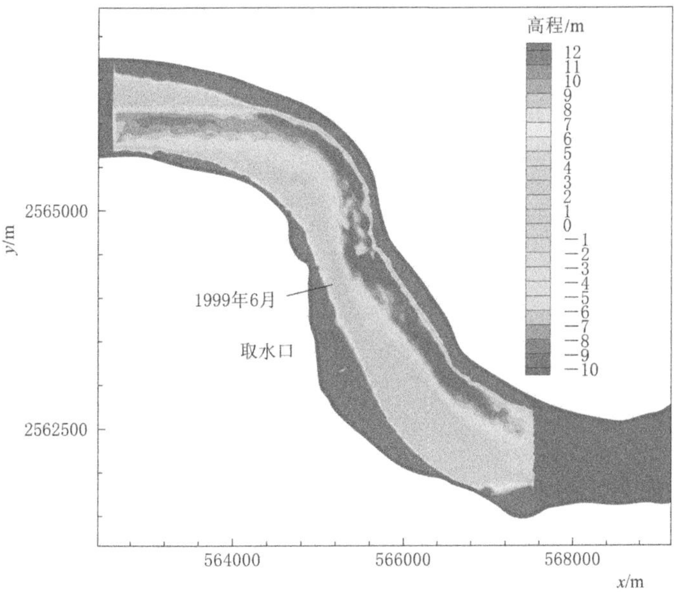

图 2.4.3　工程河段水下地形（1999 年）

三、断面冲淤变化

选取工程上下游各 1.0km 共计 11 个断面进行分析，断面位置如图 2.4.10 所示，绘制历年断面变化见图 2.4.11。

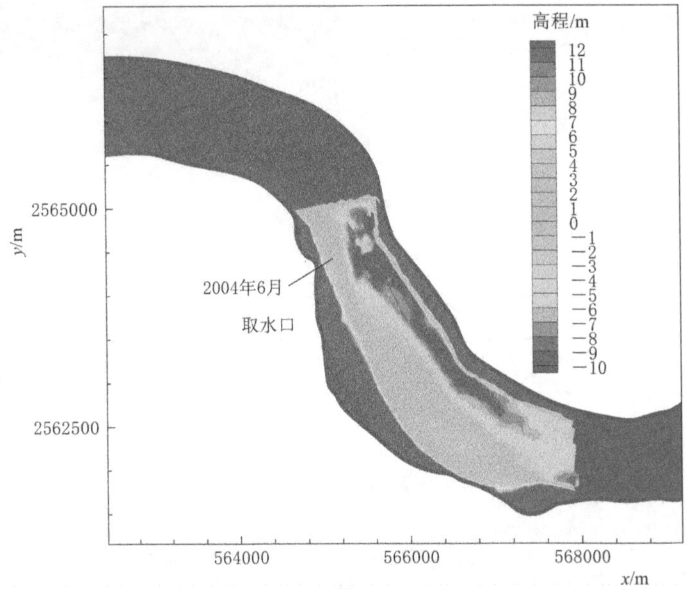

图 2.4.4　工程河段水下地形（2004 年）

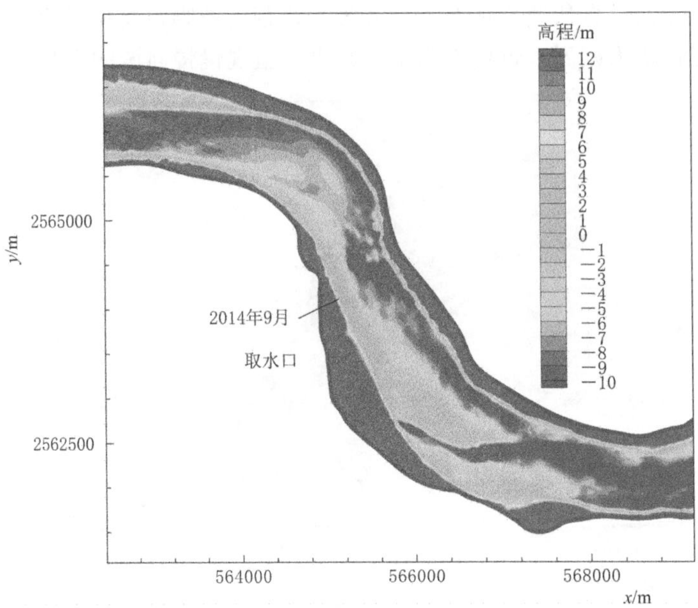

图 2.4.5　工程河段水下地形（2014 年）

从 1999 年各分析断面来看，工程及上下游断面右岸岸坡附近河床均位于 0m 高程以上，其中，工程上游断面高于 0m 高程的河道宽度在 190～270m，且向下游呈递减趋势；0m 高程以上高度在 4.7m 以内，向下游呈逐渐增大。工程断面高于 0m 高程的河道宽度约 180m，0m 高程以上高度约 5.3m。工程下游断面高于 0m 高程的河道宽度在 100～150m，向下游逐渐减小；0m 高程以上高度在 4.5m 以内。整体来看，在 1999 年时工程

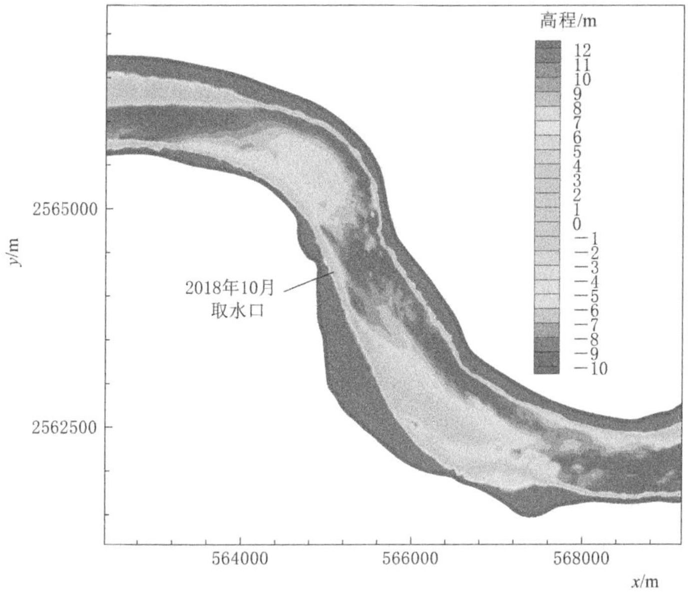

图 2.4.6　工程河段水下地形（2018 年）

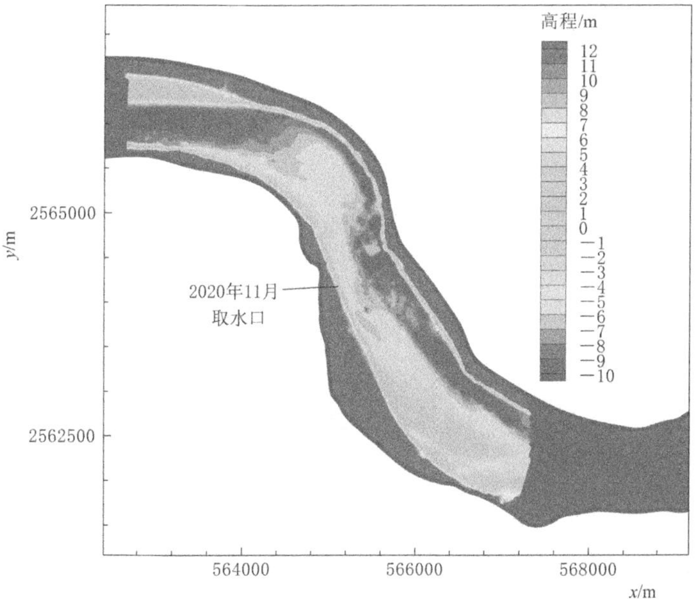

图 2.4.7　工程河段水下地形（2020 年）

所在的右侧岸坡附近淤积带自上而下宽度逐渐减小，高度先增大后减小。

2004 年与 1999 年相比，右岸淤积带的宽度和高度均呈萎缩趋势，其中，0m 以上高程宽度减小值在 20～50m，高度减小值在 1.0～3.0m，并以上下游两端变化为最大，工程断面变化最小，平均下切深度在 1.0m。

2014 年与 2004 年相比，0－1000～0＋200 断面之间，右岸岸坡附近河床明显下切，

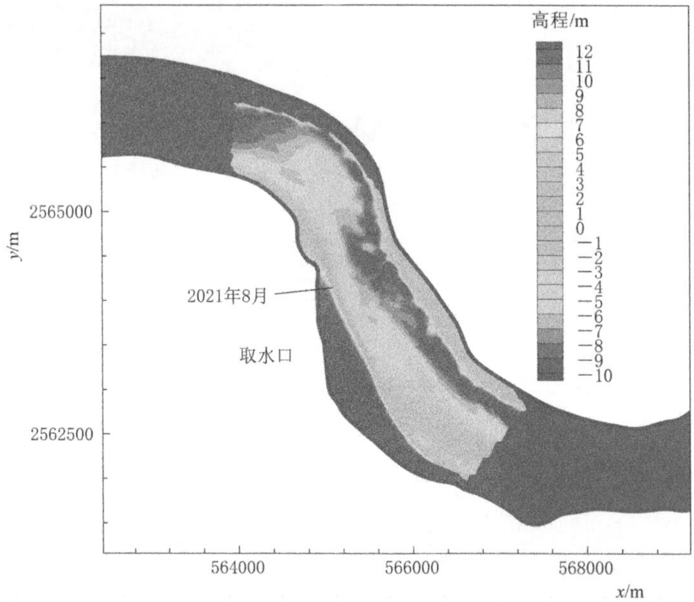

图 2.4.8　工程河段水下地形（2021 年）

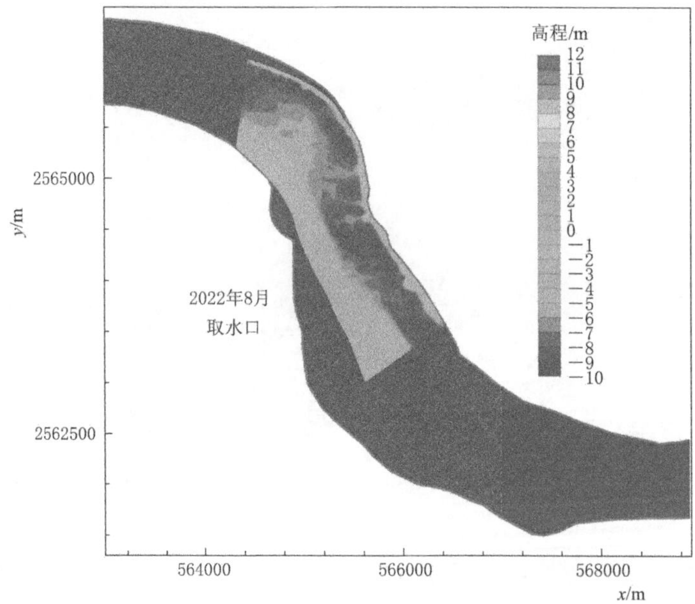

图 2.4.9　工程河段水下地形（2022 年）

普遍下切深度在 3.5m，且高于 0m 高程的区域宽度维持在 50.0m 以内，上游个别断面已整体低于 0m；0＋400～0＋1000 断面之间，断面变化没有规律，相邻断面存在下切和淤积两种形式。工程断面变化宽度约 360m，平均下切深度 3.5m。

2018 年与 2014 年相比，右岸岸坡附近河床均表现为大幅下切，各分析断面的变化宽度在 200～450m，断面最大下切深度在 3.5～10.0m，工程断面变化宽度约 270m，平均下切深度 4.2m。

2020 年与 2018 年相比，右岸岸坡附近河床整体表现为大幅回淤，尤其以工程及以上断面，普遍回淤深度在 2.5～5.0m，其中工程断面最大回淤厚度约 5.2m；工程断面下游回淤强度逐渐减小，基本都在 2.0m 以内，个别断面甚至出现河道中部河床淤积，岸坡附近河床下切的情况。

2021 年与 2020 年相比，右岸岸坡附近河床表现缓慢回淤，在 2018 年下切较大的个别位置，回淤量略大，如 0～200 断面最大回淤厚度 2.2m，工程断面最大回淤厚度 1.2m，其他位置最大回淤厚度基本都在 1.0m 以内。

2022 年与 2021 年相比，右岸岸坡附近河床仍表现为缓慢回淤，回淤量较大的位置下移，最大回淤厚度约 2.0m，平均回淤厚度基本都在 1.0m 以内。

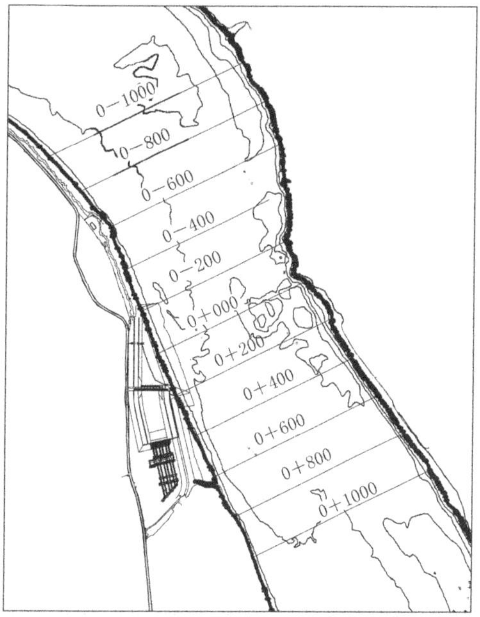

图 2.4.10　断面分析布置图

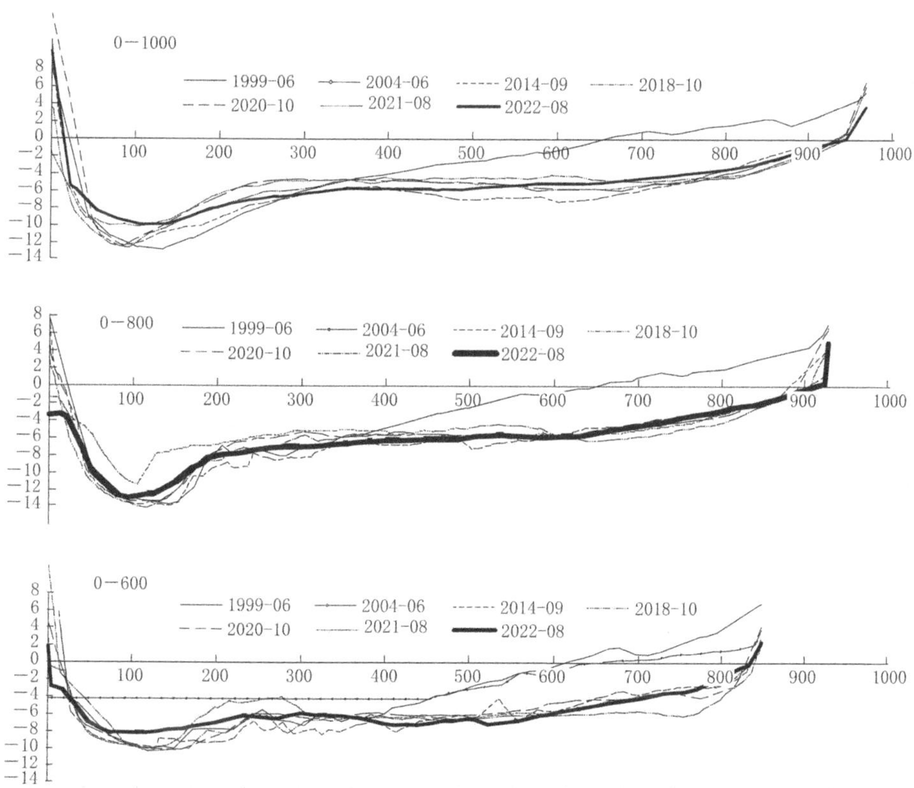

图 2.4.11（一）　横断面对比图

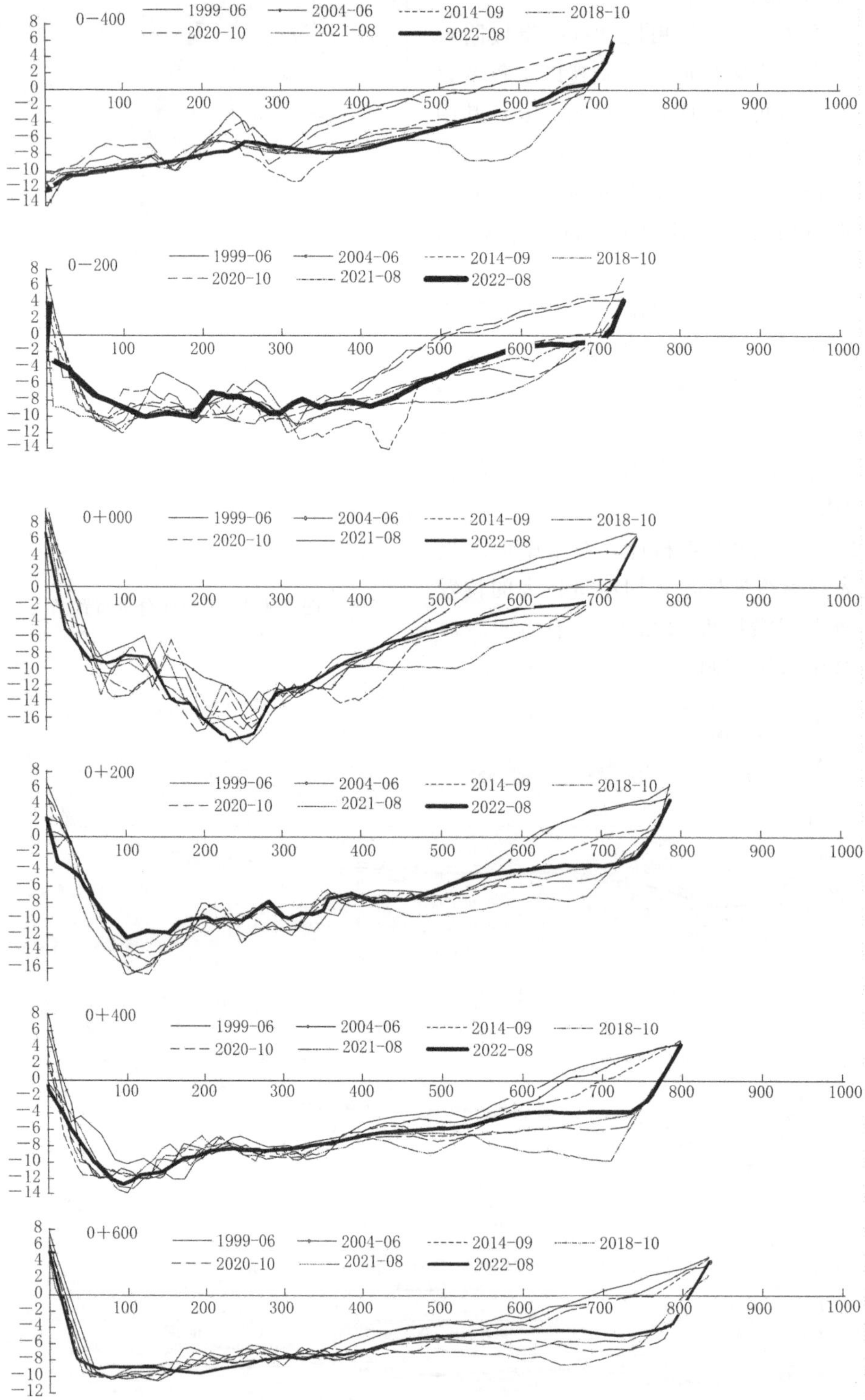

图 2.4.11（二）　横断面对比图

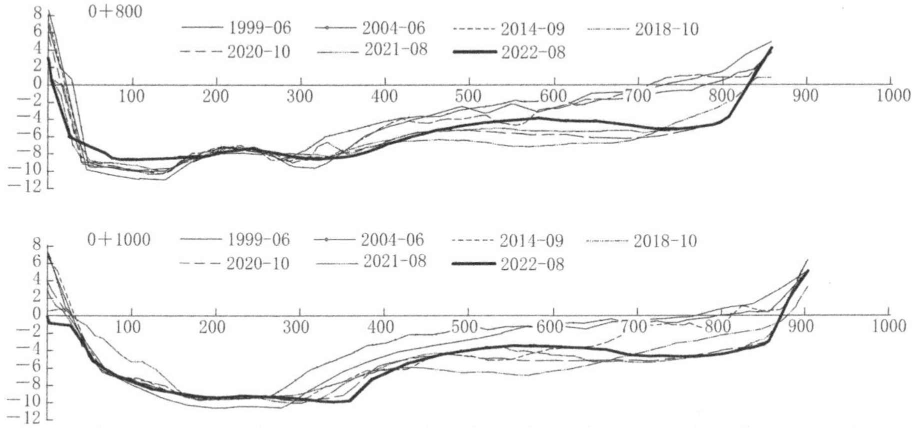

图 2.4.11（三） 横断面对比图

总体来看，工程附近地形变化剧烈。1999—2004 年，工程所在上下游各 1.0km 的右岸岸坡附近河床相对稳定；2004—2018 年，右岸河床大幅下切，局部最大下切深度在 8.0～12.0m，这个主要与局部采砂有关；2018 年后，人为干预减小，右岸岸坡附近河床整体表现为淤积，其中 2018—2020 年回淤量相对较大，2020—2022 年回淤量相对较小，回淤强度可能与上游来水来沙量、地形的变化等有关。

四、工程河段冲淤分布

1. 工程上下游 14km 河道冲淤变化分析

图 2.4.12 为 1999—2020 年工程上下游 14km 河段的冲淤速率分布。

1999—2014 年，工程河段河床整体表现为下切，年平均下切深度在 1.0m/a 以内，个别位置年下切深度达 3.0m/a。2014—2018 年，工程河段河床整体表现为淤积，年淤积厚度在 1.0m/a 以内，工程前部区域表现为大幅下切，年下切深度在 2.5m/a。2018—2020 年，弯道上游河床有冲有淤，弯道下游河床整体表现为淤积，尤其在工程前部区域明显淤积，年淤积厚度在 3.0m/a。

2. 工程上下游各 1.0km 河段冲淤变化分析

研究选取 2014—2022 年工程上下游各 1.0km 的河道进行冲淤量分析，年份间冲淤变化等势图见图 2.4.13，冲淤量统计见表 2.4.1。

表 2.4.1　　工程上下游各 1km 河段淤积量统计表

年　份	2014—2018	2018—2020	2020—2021	2021—2022
总淤积量/万 m^3	−170	91	8	9
年淤积量/万 m^3	−42	46	8	9

由图表可见，2014—2018 年，分析区域冲刷量为 170 万 m^3，年冲刷量为 42 万 m^3；2018—2020 年，分析区域淤积量为 91 万 m^3，年淤积量为 46 万 m^3；2020—2021 年，分析区域淤积量为 8 万 m^3，年淤积量为 8 万 m^3；2021—2022 年，分析区域淤积量为 9 万 m^3，

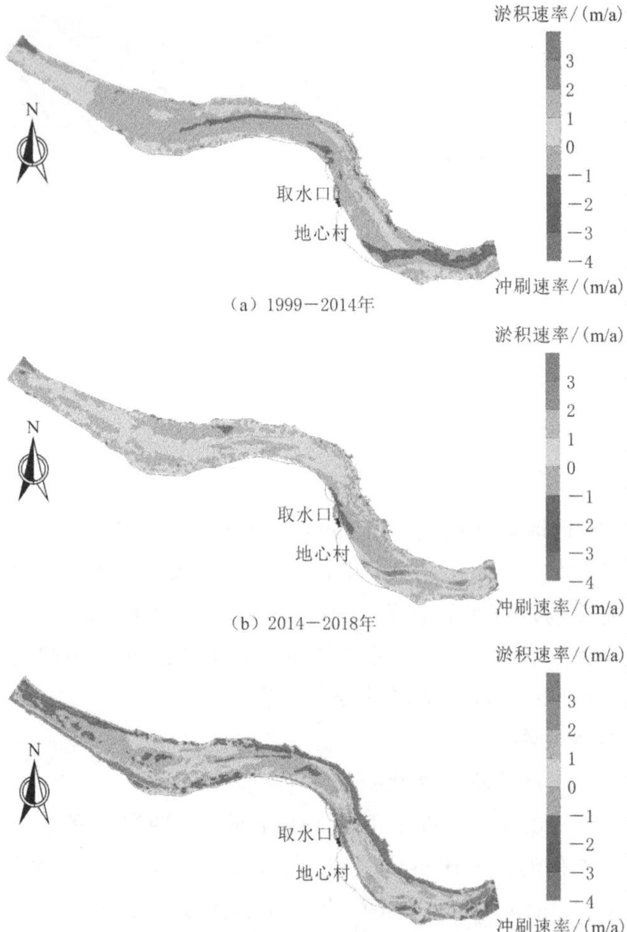

(a) 1999—2014年

(b) 2014—2018年

(c) 2018—2020年

图 2.4.12　工程上下游 14km 河道年际冲淤速率分布

年淤积量为 9 万 m^3。

综上可见，工程区域淤积量受来水来沙及地形变化的影响，工程河段淤积强度逐渐降低。

五、工段河床演变及趋势分析

（一）河床演变主要影响因素

1. 河床边界条件

河床边界条件包括河流地貌、河岸、河床组成及其上下游外部因素的影响。工程河段两岸为丘陵平原，河岸由黏土、石灰岩、沙岩等组成，具有较强的抗冲能力。河道床面大多为沙质、卵石，个别地段床面上基岩露出。随着河道的冲刷，河床发生粗化，使得河床阻力增大，抗冲能力增强，自然条件下河床进一步冲刷下切的幅度将大为减小。

2. 来水来沙条件

工程位于梧州（四）水文站下游约 60km 处。水文站上游长洲枢纽属于低水头径流式电站，汛期采用敞泄方式，无调节功能，对各频率洪水几乎没有滞洪和蓄洪作用，所以没

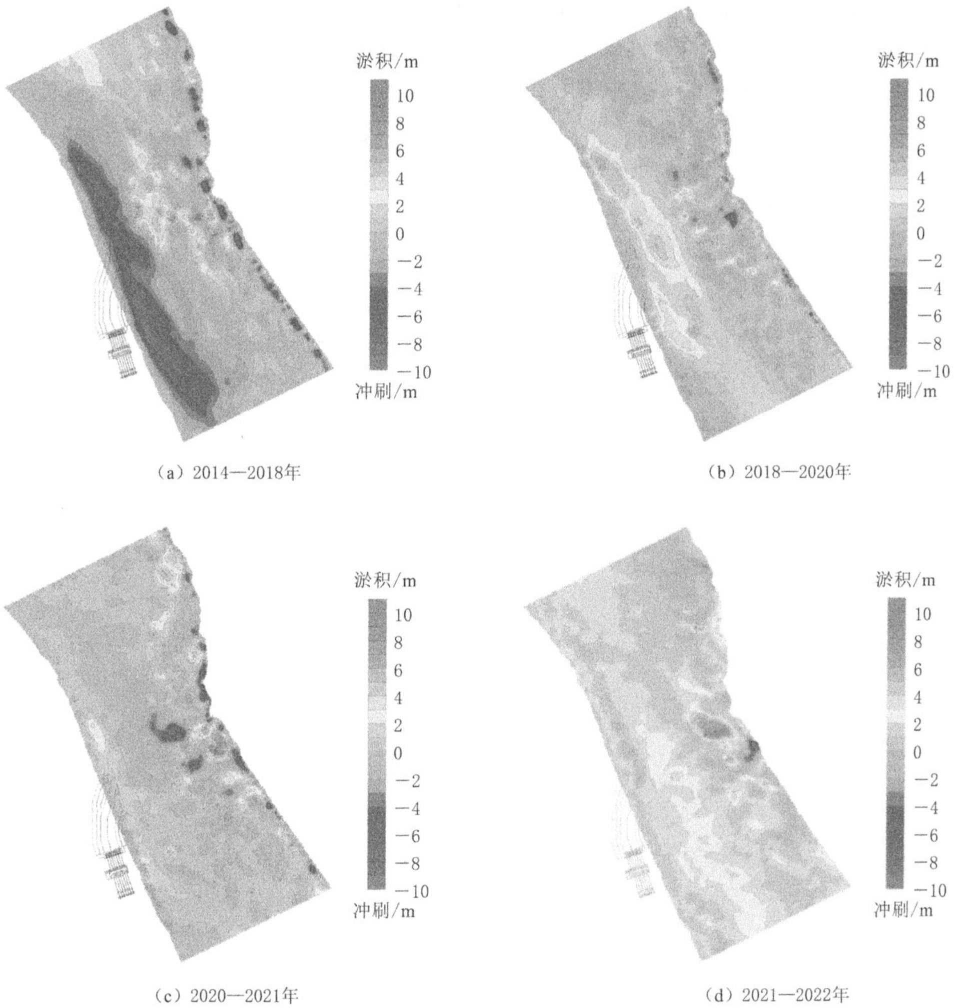

图 2.4.13 工程上下游各 1km 河段年际冲淤速率分布

有削减洪峰流量，最大下泄流量仍是天然洪峰流量；枯水期可进行日调节，但调节幅度较小。下泄流量过程的改变具体表现为平均枯水流量及最枯流量加大、中水历时延长，洪水历时减小，流量起伏减小。长洲水利枢纽对下游河道来沙的改变主要表现在：从全年看，减少了进入下游河道的来沙量，而且在初、中期减少的幅度较大；从年内各阶段看，水库蓄水期部分泥沙淤积在库内，减少了进入下游河道的含沙量，与来沙改变相应，在进入下游河道含沙量减少时级配相应的也将变细。

3. 人类活动影响

河道采砂直接改变了河床的形态，并影响水流分布特征，进而对河床冲淤造成影响。此外，工程至长洲枢纽之间仍有多个补充沙源的沙洲，也在影响工程附近河势变化的主要因素。

(二) 演变趋势分析

根据工程河段近期演变特征，结合近年水文资料等相关影响因素及河道治理和开发利用工程等情况，河床演变发展趋势主要有以下几点。

1. 总体河势仍将保持相对稳定

工程河段大部分河岸边界抗冲能力相对较强，限制了河道的横向发展，河道变形将局部冲刷下切和淤积，河床平面形态和河势将不会出现较大变化。受上游水库拦沙及清水下泄影响，河床冲刷下切主要表现为左侧主河槽冲刷，取水口所在右侧将保持继续回淤。

2. 清水冲刷影响将趋于平稳

从目前情况看，近年来，尤其是2007年长洲水利枢纽蓄水发电以来（2020年大藤峡水利枢纽工程开始蓄水发电），受上游来沙量减小以及枢纽蓄水的影响，下泄沙量有所减少，在自然和人为干预下，工程河段主河床以下切为主。根据梧州（四）水文站近年的含沙量和输沙率变化，下泄沙量逐年增长，至2017年基本与枢纽运行前（2005年）持平。随着运行年限的增长，水库排沙比的增大，下泄沙量将逐渐恢复到天然状况，工程所在的右岸侧仍将保持人工干预后的回淤态势，经过一段时间的调整，河道冲淤将渐趋平衡。

第三章 模型设计及制作

第一节 模型制作原理

物理模型试验建立在相似论的基础上。在满足相似论的相似条件下，模型和原型才有可能是相似，才可以通过模型中的试验结果来研究原型中的物理现象。模型相似律依赖于相似论，利用描述物理现象的物理方程式，建立模型和原型的相似条件，从而达到模型和原型的相似，达到研究的目的。

一、模型试验的基本相似准则

（一）相似特征

河工模型试验所研究的物理现象属于机械运动范畴。与原型相似的模型，必然具备下列三个方面的相似特征。

1. 几何相似

模型与原型的几何形态相似称为几何相似。与原型相似的模型，模型的任何相应的几何长度必然对应成比例。

$$\frac{l_{P1}}{l_{m1}}=\frac{l_{P2}}{l_{m2}}=\cdots=\frac{l_{Pn}}{l_{mn}}=\lambda_L \tag{3.1.1}$$

式中：l_{P1}、l_{P2}、…、l_{Pn} 分别为原型中各个几何长度；l_{m1}、l_{m2}、…、l_{mn} 为模型中各个几何长度，下标 P、m 表示原型和模型；1、2、…、n 表示不同处所的几何长度；λ_L 为长度比例常数，或称为长度比尺、几何比尺。

2. 动态相似

模型与原型的运动状态相似称为动态相似。与原型相似的模型，模型的任何相应点的速度、加速度等运动特征要素必然对应成比例。

$$\frac{U_{P1}}{U_{m1}}=\frac{U_{P2}}{U_{m2}}=\cdots=\frac{U_{Pn}}{U_{mn}}=\lambda_U \tag{3.1.2}$$

$$\frac{a_{P1}}{a_{m1}}=\frac{a_{P2}}{a_{m2}}=\cdots=\frac{a_{Pn}}{a_{mn}}=\lambda_a \tag{3.1.3}$$

式中：U、a 为任何相应点的速度、加速度；λ_U、λ_a 为速度比尺、加速度比尺。

3. 动力相似

模型与原型的作用力相似称为动力相似。与原型相似的模型，模型的任何相应点的必然对应成比例，即

$$\frac{f_{P1}}{f_{m1}}=\frac{f_{P2}}{f_{m2}}=\cdots=\frac{f_{Pn}}{f_{mn}}=\lambda_f \tag{3.1.4}$$

式中：f 为任何相应点的力；λ_f 为力的比尺。

在水流运动中，同时存在质量力（重力、离心力等）、压力、黏滞力、紊动阻力、惯性力等多种作用力，它们相互平行且对应成同一比例。

（二）相似指示数和相似准则

1. 物理方程式法

模型水流原则上应该与原型同为紊流，并位于阻力平方区内，此时模型和原型水流运动的物理属性才是相同的，运动规律和描述这一规律的数学方程式才是相同的，模型和原型的水流运动才可能相似；否则，模型水流为层流，那就不可能相似，或者虽为紊流，但并非位于阻力平方区内，则只能做到一定程度的相似，而不能做到严格相似。

机械运动相似的两个系统都应服从牛顿第二定律，原型与模型即应有如下公式。

原型：
$$f_P = m_P \frac{\mathrm{d}u_P}{\mathrm{d}t_P} \tag{3.1.5}$$

模型：
$$f_m = m_m \frac{\mathrm{d}u_m}{\mathrm{d}t_m} \tag{3.1.6}$$

在两者相似的条件下，各个物理量的数量关系，通过比尺可以联系起来：

$$f_P = \lambda_f f_m \tag{3.1.7}$$

$$m_P = \lambda_m m_m \tag{3.1.8}$$

$$U_P = \lambda_U U_m \tag{3.1.9}$$

$$t_P = \lambda_t t_m \tag{3.1.10}$$

式（3.1.7）～式（3.1.10）代入式（3.1.5）可得

$$\frac{\lambda_f \lambda_t}{\lambda_m \lambda_U} f_m = m_m \frac{\mathrm{d}U_m}{\mathrm{d}m_t} \tag{3.1.11}$$

由式（3.1.11）和式（3.1.6）可得

$$\frac{\lambda_f \lambda_t}{\lambda_m \lambda_U} = 1 \tag{3.1.12}$$

式（3.1.12）决定了上述现象的四个比尺之间的关系。模型与原型的各个物理量的比尺必须满足这样的关系式，才有可能做到相似。

2. 量纲分析法

量纲分析法也称因次分析法则。对于自然界中很多复杂的物理现象，很难直观地发现各个物理量或影响因素之间的规律，目前未能单纯用理论分析方法对其进行研究，但可以从定性或定量的角度出发，获得规律性的结果。利用因次分析的方法体现了试验成果验证理论的特性，在模型试验的规划、设计等方面起到了指导性作用，并关联起流体力学理论和模型试验理论。

（1）瑞利法

英国的瑞利（Rayleigh）曾利用因次和谐的原理，提出了一种分析方法，该方法适用于所涉及的物理量较少且比较简单的物理过程，物理量数目一般不超过 4 个，并且未知物理量可以表达成单项指数乘积的物理形式。

瑞利法的基本原理可描述为：已知某一物理过程与几个物理量有关，记为

$$f(N_1,N_2,\cdots,N_n)=0(n\leqslant 4) \tag{3.1.13}$$

其中的某个物理量可以表示为其他物理量的指数乘积形式：

$$N_i=kN_1^a N_2^b\cdots N_n^m \tag{3.1.14}$$

式中，k 为常数，可通过具体的试验测定。再写出其因次关系式：

$$[N_i]=k[N_1]^a[N_2]^b\cdots[N_n]^m \tag{3.1.15}$$

根据因次和谐原理，确定出方程式右边相应的指数，即可得到表达该物理过程的方程式。

（2）π 定理

π 定理可以表述如下：如果任意一个物理过程涉及 n 个物理量，若取此 n 个物理量中的 m 个作为基本因次，则此物理过程可由这 n 个物理量组成的 $n-m$ 个无因次量的函数关系式来描述，这 $n-m$ 个无因次量用 π（$i=1$、2、3、…、$n-m$）来表达。

假设某个物理过程中含有 n 个物理量，在这 n 个物理量中有一个因变量、$n-1$ 个自变量，假设 N_1 为因变量，其他物理量为自变量。由于在此物理过程中 n 个物理量所组成的函数关系式尚且不知道，但可以用一个简单的函数关系表达式来代替。如：

$$N_1=f(N_2,N_3,N_4,\cdots,N_n) \tag{3.1.16}$$

若取 N_2、N_3、N_4 这三个基本物理量的因次为基本因次，则各物理量均可由这三个基本物理量的因次表示出来：

$$\left.\begin{aligned} N_1&=\pi_1 N_2^{x_1}N_3^{y_1}N_4^{z_1}\\ N_2&=\pi_2 N_2^{x_2}N_3^{y_2}N_4^{z_2}\\ N_3&=\pi_3 N_2^{x_3}N_3^{y_3}N_4^{z_3}\\ N_4&=\pi_4 N_2^{x_4}N_3^{y_4}N_4^{z_4}\\ &\vdots\\ N_n&=\pi_n N_2^{x_n}N_3^{y_n}N_4^{z_n}\end{aligned}\right\} \tag{3.1.17}$$

在式（3.1.17）中，根据因次和谐原理，第二式中的 $x_2=1$、$y_2=0$、$z_2=0$，所以无因次数 $\pi_2=1$；同理 $\pi_3=1$、$\pi_4=1$。由以上分析可知，所选定基本物理量的无因次常数 π_2、π_3、π_4 均为 1。

根据因次和谐原理，即等式两边的基本因次的系数对应相等，则可以确定式（3.1.17）中所有指数 x_i、y_i、z_i 从而可确定 π_i 即

$$\pi_i=\frac{N_i}{N_2^{x_i}N_3^{y_i}N_4^{z_i}} \tag{3.1.18}$$

则方程式（3.1.18）用无因次方程表达为

$$\pi_1=f(\pi_2,\pi_3,\pi_4,\cdots,\pi_n) \tag{3.1.19}$$

由于 π_2、π_3、π_4 均为 1，故式（3.1.19）又可表示为

$$\pi_1=f(1,1,1,\pi_5\cdots,\pi_n) \tag{3.1.20}$$

由于常数 1 可以不写入方程，原来由 n 个物理量组成的物理方程式转化为仅含有 $n-3$ 个无因次量的无量纲方程式，即

$$\pi_1=f(\pi_5,\pi_6,\pi_7,\cdots,\pi_n) \tag{3.1.21}$$

(3) 力学分析法

从控制物理现象的作用力的一般表达式出发，求出各种力的比尺关系式，然后根据各种作用力之比必须相等的动力相似原理，求出有关的比尺关系式。举例来讲，控制水流运动的主要作用力可以认为是重力、惯性力、黏滞力、紊动剪力。各种力的一般表达式及相应比尺关系式可以书写如下。

重力
$$f_g=\rho gL^3 \tag{3.1.22}$$
$$\lambda_{fg}=\lambda_\rho\lambda_g\lambda_L^3 \tag{3.1.23}$$

惯性力
$$f_i=ma=\rho L^2U\mathrm{d}t\ \frac{\mathrm{d}U}{\mathrm{d}t}\left(=\rho L^3\mathrm{d}\frac{U^2}{2}\right) \tag{3.1.24}$$
$$\lambda_{fi}=\lambda_\rho\lambda_L^2\lambda_U^2 \tag{3.1.25}$$

黏滞力
$$f_\nu=\tau_\nu L^2=\rho\nu\frac{\mathrm{d}U}{\mathrm{d}L}L^2 \tag{3.1.26}$$
$$\lambda_{f\nu}=\lambda_\rho\lambda_\nu\lambda_L\lambda_U \tag{3.1.27}$$

紊动剪力（以考虑与水流方向平行的平面剪力为例）
$$f_\tau=\tau_lL^2=-\rho\overline{U'\nu'}L^2 \tag{3.1.28}$$
$$\lambda_{f\tau}=\lambda_\rho\lambda_L^2\lambda_{U'} \tag{3.1.29}$$

式中：L 为流体的几何尺度；L^3 为体积；L^2 为面积；τ_ν、τ_l 为单位面积的黏滞力及紊动剪力。

惯性力重力比相似比尺关系式为
$$\frac{\lambda_{fi}}{\lambda_{fg}}=\frac{\lambda_\rho\lambda_L^2\lambda_U^2}{\lambda_\rho\lambda_g\lambda_L^3}=\frac{\lambda_U^2}{\lambda_g\lambda_L}=1 \tag{3.1.30}$$

式（3.1.30）即为弗劳德相似律。

惯性力黏滞力比相似比尺关系式为
$$\frac{\lambda_{fi}}{\lambda_{f\nu}}=\frac{\lambda_\rho\lambda_L^2\lambda_U^2}{\lambda_\rho\lambda_\nu\lambda_L\lambda_U}=\frac{\lambda_L\lambda_U}{\lambda_\nu}=1 \tag{3.1.31}$$

式（3.1.31）即为雷诺相似律。

惯性力紊动剪力比相似比尺关系式为
$$\frac{\lambda_{fi}}{\lambda_{f\tau}}=\frac{\lambda_U^2}{\lambda_{U'}^2}=1 \tag{3.1.32}$$

二、悬移质动床河工模型相似律

（一）悬移相似

悬移质运动的三维扩散方程为
$$\frac{\partial S}{\partial t}=-\frac{\partial(SU)}{\partial x}-\frac{\partial(SU)}{\partial y}-\frac{\partial(SU)}{\partial z}+\frac{\partial(S\omega)}{\partial z}+\frac{\partial}{\partial x}\left(\varepsilon_x\frac{\partial\varepsilon}{\partial x}\right)+\frac{\partial}{\partial y}\left(\varepsilon_y\frac{\partial\varepsilon}{\partial y}\right)+\frac{\partial}{\partial z}\left(\varepsilon_z\frac{\partial\varepsilon}{\partial z}\right) \tag{3.1.33}$$

方程式等号左侧一项为单位时间内单位水体的含沙量变化，等号右侧前三项为单位时间内由时均流速引起的进出单位水体的沙量变化，等号右侧第四项为单位时间内由泥沙沉速引起的进出单位水体的沙量变化，等号右侧后三项为单位时间内由扩散作用引起的进出单位水体的沙量变化。

首先考虑正态模型的情况，因为 $\lambda_x=\lambda_y=\lambda_z=\lambda_L$，对式（3.1.33）进行相似转化，考虑到重力作用是决定悬移质沉降的主要矛盾方面，以从等号右侧第四项抽出的比尺关系 $\lambda_\omega\lambda_S/\lambda_L$，去除从其他各项抽出的比尺关系，即

$$\lambda_t\lambda_\omega=\lambda_l \tag{3.1.34}$$

$$\lambda_U=\lambda_\omega \tag{3.1.35}$$

$$\lambda_{\varepsilon s_x}=\lambda_{\varepsilon s_y}=\lambda_{\varepsilon s_z}=\lambda_\omega\lambda_L \tag{3.1.36}$$

比尺关系式（3.1.34）表示含沙量因时间变化与由重力沉降引起的进出沙量变化比相等。在满足第二个比尺关系式的条件下，它与水流连续相似所要求的比尺关系式是一致的，因而不增加新的比尺关系式。

比尺关系式（3.1.35）表示由时均流速及重力沉降引起的进出沙量变化比相等，可认为时均流速悬移及重力沉降比相似。

比尺关系式（3.1.36）表示由紊动扩散及重力沉降引起的进出沙量变化比相等，可认为紊动扩散与重力沉降比相似。泥沙紊动扩散系数 ε_S 按照一般做法可取其与水流紊动动量扩散系数 ν_t 相等。但由于三维水流的紊动动量扩散系数的表达式不是很清楚，使得进一步展开第三个比尺关系式，从而找到便于控制的比尺关系遇到困难。对二维均匀流来讲，它的表达式可从卡尔曼—勃兰德尔流速分布公式导出：

$$\varepsilon_{S_y}\approx\nu_{t_y}=xU_*\left(1-\frac{y}{h}\right)y \tag{3.1.37}$$

$$\lambda_{\varepsilon s_y}=\lambda_{\nu t_y}=\lambda_x\lambda_{U_*}\lambda_L \tag{3.1.38}$$

其中，λ_x 可取为 1，在一般情况下，横向扩散系数也可以用式（3.1.38）的形式表达。纵向扩散系数一般可以忽略不计。因此

$$\lambda_{\varepsilon s_x}=\lambda_{\varepsilon s_y}=\lambda_{\varepsilon s_L} \tag{3.1.39}$$

取式（3.1.39）推导比尺关系式时应不会导致较大误差。

根据式（3.1.36）、式（3.1.39）可得

$$\lambda_{U_*}=\lambda_\omega \tag{3.1.40}$$

式（3.1.40）可以作为式（3.1.36）的另一种形式，适用于时均水流接近直线的情况。

在正态模型中，满足惯性力、重力比相似条件

$$\lambda_{U_*}=\lambda_U=\lambda_L^{\frac{1}{2}} \tag{3.1.41}$$

考虑变态模型

$$\lambda_x=\lambda_z=\lambda_L,\lambda_y=\lambda_h \tag{3.1.42}$$

$$\lambda_U=\lambda_\omega=\lambda_\nu=\frac{\lambda_h}{\lambda_L}\lambda_U \tag{3.1.43}$$

则得

$$\lambda_t=\frac{\lambda_h}{\lambda_\omega} \tag{3.1.44}$$

$$\frac{\lambda_{\varepsilon s_x}\lambda_h}{\lambda_\omega\lambda_L^2}=\frac{\lambda_{\varepsilon s_z}\lambda_h}{\lambda_\omega\lambda_L^2}=\frac{\lambda_{\varepsilon s_y}}{\lambda_\omega\lambda_h}=1 \tag{3.1.45}$$

由于变态，三个方向的紊动扩散系数比尺不完全相等，而是

$$\lambda_{\varepsilon s_x}=\lambda_{\varepsilon s_z} \tag{3.1.46}$$

$$\lambda_{\varepsilon s_y}=\frac{\lambda_h^2}{\lambda_L^2}\lambda_{\varepsilon s_x} \tag{3.1.47}$$

根据式（3.1.38）导出的铅直方向紊动扩散系数比尺

$$\lambda_{\varepsilon s_y}=\lambda_x\lambda_{U_*}\lambda_L=\lambda_{U_*}\lambda_L \tag{3.1.48}$$

将同样转化为 $\lambda_{U_*}/\lambda_\omega=1$ 的关系及变态模型 $\lambda_f=\dfrac{\lambda_h}{\lambda_L}$ 的表达式代入，则应有

结合式（3.1.43），按水流阻力公式应有

$$\lambda_U=\frac{\lambda_{u*}}{\lambda_f^{\frac{1}{2}}} \tag{3.1.49}$$

将 $\lambda_{U_*}/\lambda_\omega=1$ 的关系及变态模型 $\lambda_f=\dfrac{\lambda_h}{\lambda_L}$ 的表达式代入，则应有

$$\lambda_\omega=\left(\frac{\lambda_h}{\lambda_L}\right)^{\frac{1}{2}}\lambda_U \tag{3.1.50}$$

对于变态模型，式（3.1.49）和式（3.1.50）是不能同时成立的。这就意味着变态相似的两个条件不能同时满足。

综上所述，变态模型不可能保证悬移相似的两个比尺关系式同时得到满足，也不可能做到真正的悬移相似。所以，在实际悬移质动床模型试验时，应根据所研究的问题的性质在两个相互矛盾的比尺关系式中选取。如果所研究的问题属于分水分沙一类性质的问题，含沙量沿垂线分布的正确模拟具有十分重要的意义，那就应该使表征紊动扩散与重力沉降比相似的比尺关系式得到遵守。如果所研究的问题属于接近静水沉降一类性质的问题，纵向流速与泥沙沉速相互关系的正确模拟具有十分重要的意义，那就应该使表征时均流速悬移与重力沉降比相似的比尺关系式得到遵守。一般情况，由于紊动扩散作用及重力作用是决定悬移质运动的一对主要矛盾，变态模型似以表征这一主要矛盾的比尺关系式得到遵守为宜。

悬移相似条件在悬移质动床模型试验中，主要用来控制对模型沙的选择。决定悬移相似条件的两个比尺关系式，都包含有泥沙沉速比尺 λ_ω。而泥沙的沉速是与泥沙的粒径及重率直接相关的，可以通过表达它们之间关系的静水沉速公式，来建立泥沙粒径及重率比尺与沉速比尺以至流速比尺、几何比尺之间的关系，作为选沙的依据。

（二）起动相似

悬移质运动扩散方程式（3.1.33）中无涉及床面的补给条件问题。对单纯的淤积过程来说，这个问题并不存在。对冲刷过程来说，床面补给条件也应该相似。要床面补给条件相似，单纯冲刷过程应该做到床沙的起动相似，有冲有淤的过程则除原床沙应做到起动相似外，参与淤积的悬移质也应做到起动相似。当原型流速超过床沙起动流速，有可能从床面得到泥沙补给时，模型流速也超过床沙起动流速，同样有可能从床面得到泥沙补给。起动相似条件要求起动流速比尺与流速比尺相等，即

$$\lambda_U=\lambda_{Uc} \tag{3.1.51}$$

这一比尺关系式可从以任一流速为参数的推移质输沙率公式中导出，运用相似转化即可获得该式。悬移质泥沙由于粒径很小，淤积之后，黏结力往往会起作用，特别是细颗粒悬移质，黏结力作用很显著，其起动流速一般应用含黏性细颗粒泥沙的起动流速公式计算。当然，如果淤积的泥沙限于自然情况下悬移质中的床沙质，也可用散粒体泥沙的起动流速公式计算。

如果用原型沙或重率接近原型沙的材料做模型沙来模拟悬移质，按照悬移相似要求，正态模型的模型沙就会十分细，甚至变态模型的模型沙也很细，黏结力作用更显著，模型沙的起动流速往往比较大，满足不了起动相似要求。

要想同时满足悬移及起动相似要求，在通常情况下，必须选用轻质沙，此时模型沙的容重要小一些，而粒径则可能粗一些，因而黏结力的作用要小一些，甚至基本上不存在。因原型沙及模型沙的粗细很不相同，黏结力作用的影响很不一致，在这种情况下，根据适用于不同情况的统一的起动流速公式来导出起动流速的比尺关系式，形式上要更严格一些。

考虑到起动流速公式不一定充分可靠，特别是不一定既适用于原型沙，又适用于模型沙，在实际工作中，往往不使用现成的起动流速公式来推求比尺关系式，而是通过对原型实测资料的进一步分析，并对模型沙（有时也对原型沙）进行水槽试验，确定不同流量级的原型沙起动流速 $U_{c_{P1}}$、$U_{c_{P2}}$、$U_{c_{P3}}$、…，以及相应条件下的模型沙起动流速 $U_{c_{m1}}$、$U_{c_{m2}}$、$U_{c_{m3}}$、…，再计算起动流速比尺：

$$\lambda_{U_c}=\frac{U_{c_{P1}}}{U_{c_{m1}}}、\frac{U_{c_{P2}}}{U_{c_{m2}}}、\frac{U_{c_{P3}}}{U_{c_{m3}}}、\cdots \tag{3.1.52}$$

之后，再检查其是否满足 $\lambda_U=\lambda_{U_c}$，的要求。

（三）挟沙相似

挟沙相似是悬移泥沙运动相似中必须解决的另一个问题，进入河段的输沙率模型必须与原型相似，就涉及含沙量比尺的问题。这个比尺可以通过悬移质扩散方程的床面边界条件加以确定，后者可以写为

$$\varepsilon_S\ \frac{\partial S}{\partial y}_{y=0}=-wS_{b_*} \tag{3.1.53}$$

式中：S_{b*} 为床面饱和含沙量。

这表达了床面处由于含沙量梯度而引起的泥沙向上扩散量等于饱和挟沙情况下由于重力作用而引起的泥沙向下的沉降量。由于具有一定沉速 w 的河底饱和含沙量为定值，$\varepsilon_S\ \frac{\partial S}{\partial y}_{y=0}$ 故床面的向上扩散量亦为定值，亦即床面的向上扩散量仅与水流条件有关。由这个边界条件可以导出比尺关系式为

$$\lambda_{\varepsilon s}\lambda_{S_b}=\lambda_\omega\lambda_h\lambda_{S_{b*}} \tag{3.1.54}$$

由于

$$\lambda_{\varepsilon s}=\lambda_\omega\lambda_h \tag{3.1.55}$$

可以得到

$$\lambda_{S_b}=\lambda_{S_{b*}} \tag{3.1.56}$$

在含沙量及流速沿垂线分布相似得到保证的条件下，即得

$$\lambda_S=\lambda_{S_*} \tag{3.1.57}$$

亦即含沙量比尺应与水流挟沙力比尺相等。实际上这两个比尺的相等，也可从挟沙水流的冲淤平衡条件直观地看出来。显然，只有这两个比尺相等，原型处于输沙平衡状态时，模型也相应处于输沙平衡状态，原型处于冲、淤状态时，模型也相应处于冲、淤状态。

为了求得含沙量比尺的表达式，必须引进表征悬移质挟沙能力的水流挟沙力公式，反映水流阻力和泥沙密度的有关因素，对确定变态模型的水流挟沙力具有重大关系，采用

$$S_V^a=\frac{\rho}{8C_1(\rho_s-\rho)}(f-f_*)\frac{U^3}{gR\omega} \tag{3.1.58}$$

令 $a=1$，用体积含沙量 S_V 转换为以单位体积质量记的含沙量 S_*，则式（3.1.58）可变为

$$S_*=\frac{\rho}{8C_1(\rho_s-\rho)}(f-f_*)\frac{U^3}{gR\omega} \tag{3.1.59}$$

结合式（3.1.55）和式（3.1.57）可以得到水流含沙量比尺为

$$\lambda_S=\lambda_{S*}=\frac{\lambda_{\rho_s}}{\lambda_{C1}\lambda_{\frac{\rho_s-\rho}{\rho}}}\lambda_f\frac{\lambda_U^3}{\lambda_g\lambda_h\lambda_\omega} \tag{3.1.60}$$

通常情况下，取 $\lambda_{C1}=1$，$\lambda_{f_*}=\lambda_f$，$\lambda_R=\lambda_h$。

在正态模型中，$\lambda_f=1$，在保证惯性力重力比相似及悬移相似的条件下，应有 $\lambda_U^2=\lambda_h$，$\lambda_U=\lambda_\omega$，关系式可变为

$$\lambda_S=\lambda_{S*}=\frac{\lambda_{\rho_s}}{\lambda_{\frac{\rho_s-\rho}{\rho}}} \tag{3.1.61}$$

在变态模型中，$\lambda_f=\frac{\lambda_h}{\lambda_L}$，在保证惯性力重力比相似及悬移相似的条件下，应有 $\lambda_U^2=\lambda_h$，$\lambda_\omega=\left(\frac{\lambda_h}{\lambda_L}\right)\lambda_U$ 同样可以得到关系式（3.1.61）。

但若在悬移相似的条件下，则应有 $\lambda_\omega=\left(\frac{\lambda_h}{\lambda_L}\right)^{\frac{1}{2}}\lambda_U$，可以得到关系式为

$$\lambda_S=\lambda_{S*}=\frac{\lambda_{\rho_s}}{\lambda_{\frac{\rho_s-\rho}{\rho}}}\left(\frac{\lambda_h}{\lambda_L}\right)^{\frac{1}{2}} \tag{3.1.62}$$

可见，在不同的悬移相似条件下得到的含沙量比尺是不同的。

三、推移质动床河工模型试验

推移质分为沙质推移质和卵石推移质两种。沙质推移质由于与悬移质中的床沙质经常发生交换，而其输沙率仅占悬移质中床沙质输沙率的很小一部分，不可能单独地对河床变形起主导作用，因而单独进行沙质推移质的动床模型试验不是很合适。在有必要考虑沙质推移质对河床变形的影响时，就应进行包括沙质推移质在内的悬移质中床沙质的动床模型试验。

本节将限于讨论卵石（包括砾石在内）推移质动床试验问题。单独进行这种模型试验之所以可能，是因为在山区河道中的某些河段，卵石推移质运动是造成河床变形的主导因素。在某些情况下，虽然河水挟带大量悬移质，但并不参与河床变形（局部回流区例外），

或对有关工程设施的不利影响较小。属于这一类性质的问题有，山区河流低水头取水枢纽（灌溉取水或电站取水）防止卵石进入取水建筑物的问题，卵石浅滩的通航问题等。对于这一类问题，往往可以置悬移质及沙质推移质于不顾，而仅进行卵石推移质的动床模型试验。

以下对卵石推移质运动相似问题进行研究。

由于卵石仅以滚动、滑动及跳跃方式前进，在通常情况下不会悬浮，因而可以不必考虑悬移相似问题。除这一项外，悬移质运动相似中的其他相似要求，如起动相似、挟沙相似、河床变形相似都要考虑，只是由于运动规律不尽相同，有其独自的特点。

1. 起动相似

因为卵石粒径甚粗，模型沙粒径也不会很细，据以导出起动流速比尺的公式，应采用散粒体泥沙的起动流速公式为

$$U_c=\eta\sqrt{\frac{\rho_s-\rho}{\rho}gd}\left(\frac{h}{d}\right)^m \tag{3.1.63}$$

η、m 的取值不同公式略有区别。按张瑞瑾公式 $\eta=1.34$，$m=\frac{1}{7}$，可得起动流速比尺关系式为

$$\lambda_{U_c}=\lambda_\eta\lambda_{\frac{\rho_s-\rho}{\rho}}^{\frac{1}{2}}\lambda_d^{\frac{5}{14}}\lambda_h^{\frac{1}{7}} \tag{3.1.64}$$

系数比尺 λ_η 的存在，是由于天然河流中卵石的起动流速在粒径及水深相同的情况下，与卵石所在位置及形状关系极大，如卵石位于鱼鳞状排列之中，η 值就会较大；如卵石分散地位于鱼鳞状排列或基岩之中，η 值就会较小。而上述卵石所在位置则是与补给条件有关的。另外，原型卵石和模型沙的形状不一致，也使得系数 η 存在差异。

利用起动流速比尺关系式，结合起动相似条件，来考虑惯性力重力比相似，可得出粒径比尺关系式如下：

$$\lambda_d=\frac{\lambda_h}{\lambda_\eta^{\frac{15}{4}}\lambda_{\frac{\rho_s-\rho}{\rho}}^{\frac{1}{5}}} \tag{3.1.65}$$

式（3.1.65）可作为卵石推移质动床模型选沙依据。可以看出，若采用天然沙作为模沙，则应有 $\lambda_{\frac{\rho_s-\rho}{\rho}}=1$；同时取 $\lambda_\eta=1$，可得

$$\lambda_d=\lambda_h \tag{3.1.66}$$

由于卵石粒径较大，卵石推移质动床模型采用天然沙做模型沙，在许多情况下往往是可能的。

2. 挟沙相似

单宽推移质输沙率比尺原则上可以从单宽推移质输沙率公式导出。问题是目前尚无公认的具有可靠结构形式的推移质输沙率公式，同一水流泥沙条件，按不同推移质输沙率公式算得的推移质输沙率相差很大。

梅叶-彼德曾在实验室内进行过大量推移质试验，试验资料范围比较广。采用由梅叶-彼德公式表示的推移质输沙率：

$$g_b=\frac{\left[\left(\frac{n'}{n}\right)^{\frac{3}{2}}\gamma hJ-0.047(\gamma_s-\gamma)d\right]^{\frac{3}{2}}}{0.125\rho^{\frac{1}{2}}\left(\frac{\rho_s-\rho}{\rho}\right)g} \tag{3.1.67}$$

式中：n 为曼宁糙率系数；n'为河床平整情况下的沙粒曼宁糙率系数，$n'=\frac{d_{90}^{\frac{1}{6}}}{26}$。

将 $0.047(\gamma_s-\gamma)d$ 看作临界拖曳力 τ_c，将$\left(\frac{n'}{n}\right)^{\frac{3}{2}}\gamma hJ$ 看作与沙力阻力有关的拖曳力 τ'，并取 $\tau'=\frac{f'}{4}\gamma\frac{U^2}{2g}$，考虑$\sqrt{\frac{8g}{f'}}=\frac{h^{\frac{1}{6}}}{n'}=A\left(\frac{h}{d}\right)^{\frac{1}{6}}$，可得

$$\tau'=\frac{2g}{A^2}\left(\frac{d}{h}\right)^{\frac{1}{3}}\gamma\frac{U^2}{2g} \tag{3.1.68}$$

则得到

$$\lambda_{\tau'}^{\frac{3}{2}}=\frac{\lambda_d^{\frac{1}{2}}\lambda_U^3}{\lambda_h^{\frac{1}{2}}} \tag{3.1.69}$$

$$\lambda_{g_b}=\frac{\lambda_{\rho_s}\lambda_d^{\frac{1}{2}}\lambda_U^3}{\lambda_{\frac{\rho_s-\rho}{\rho}}\lambda_h^{\frac{1}{2}}} \tag{3.1.70}$$

对 λ_{g_b} 进行三次简化得到变态相似律

$$\lambda_{g_b}=\lambda_h^{\frac{3}{2}} \tag{3.1.71}$$

正态相似律

$$\lambda_{g_b}=\lambda_L^{\frac{3}{2}} \tag{3.1.72}$$

在卵石推移质运动对河床变形起主导作用的山区河流，为保证水流运动相似，以采用正态模型为宜，而卵石粒径较粗，又使采用天然沙作模型沙成为可能。也就是，对卵石推移质动床模型来讲，用式（3.1.71）来表达单宽推移质输沙率比尺，是合适的。

如果采用天然沙做模型沙，而模型又不得不做成变态，基于以上理由，可以取式（3.1.71）作为依据。

3. 河床变形相似

推移质运动的河床变形方程式可写为

$$\frac{\partial Bg_b}{\partial x}+\rho'B-\frac{\partial y_0}{\partial t}=0 \tag{3.1.73}$$

由此导出的河床变形比尺关系式为

$$\lambda_{g_b}\lambda_{t'}=\lambda_{\rho'}\lambda_L\lambda_h \tag{3.1.74}$$

或

$$\lambda_{t'}=\frac{\lambda_{\rho'}\lambda_L\lambda_h}{\lambda_{g_b}} \tag{3.1.75}$$

与水流时间比尺 $\lambda_t=\frac{\lambda_L}{\lambda_U}$ 比较可得

$$\lambda_{t'}=\frac{\lambda_{\rho'}}{\frac{\lambda_{g_b}}{\lambda_q}}\lambda_t \tag{3.1.76}$$

要使两个时间比尺相同，必须

$$\lambda_{\rho'}=\frac{\lambda_{g_b}}{\lambda_q} \tag{3.1.77}$$

这个条件在一般情况下是难以满足的。但如果采用天然沙，在满足惯性力重力比相似及起动相似的条件下，上述条件有可能成立，此时卵石推移质动床模型的河床变形时间比尺可能与水流时间比尺相等。但这却会增加试验的工作量。

总结上述，可以满足泥沙运动相似的卵石推移质动床模型必须遵守的全部比尺关系式，用可以概括正态模型（$\lambda_h=\lambda_L$）在内的变态模型的形式写出，应为

起动相似

$$\lambda_{U_c}=\lambda_U$$

$$\lambda_{U_c}=\lambda_{\frac{\rho_s-\rho}{\rho}}^{\frac{1}{2}}\lambda_d^{\frac{5}{14}}\lambda_h^{\frac{1}{7}}$$

挟沙相似

$$\lambda_{g_b}=\lambda_h^{\frac{3}{2}}$$

河床变形相似

$$\lambda_{t'}=\frac{\lambda_{\rho'}\lambda_L\lambda_h}{\lambda_{g_b}}$$

以上比尺关系式可以作为设计推移质动床模型的依据。

四、全沙动床河工模型相似律

在许多河道中，常常不仅有悬沙输移，也有底沙包括卵石推移，在某些情况下还有异重流形成模型中单独复演某一种泥沙，因此在研究重大水利工程中的泥沙问题时，需要在一个模型上同时复演各种形式的泥沙运动，即进行悬沙和底沙的综合试验。这种全沙模型在研究枢纽布置、电厂防沙、减少航道淤积和改善峡谷段航行条件方面，是一个有效的工具。

在实践中，悬移质中的床沙质运动是和沙质推移质运动同时存在并经常交换的。要在同一个模型中进行试验，那就要求它们各自的河床变形时间比尺必须相等，否则就做不到两者的同时相似。当同时存在悬移质及沙质推移质运动时，河床变形方程式中仅表征悬移质输沙率的，应改写为表征悬移质及沙质推移质输沙率之和的，可以看成虚拟的推移质含沙量。由河床变形方程式导出的时间比尺就有两个，即悬移质运动相似时间比尺和沙质推移质运动相似时间比尺，在这两个比尺相同的情况下，可得

$$\lambda_{g_b}=\lambda_q\lambda_S \tag{3.1.78}$$

考虑起动流速的影响，假设单宽输沙率公式形式与单宽悬沙输沙率公式一致，即

$$g_b=\varphi\frac{\rho_s}{\frac{\rho_s-\rho}{\rho}}(f-f_s)\frac{U^3(U-U_0)}{g\omega} \tag{3.1.79}$$

推移质输沙率与流速的 4 次方成正比，已被实测资料所证实，而式（3.1.79）反映了这种规律性。因此，将两者结合在一起进行试验，应该说是能够近似地反映实际的，这样做不但是允许的，而且是必要的。如果不采用这一类推移质输沙率公式，就应该让沙质推

移质的时间比尺服从悬移质的时间比尺。

当将悬移质和沙质推移质结合在一起进行试验时，模型进口的来沙量就不仅要考虑悬移质来沙量，还要考虑沙质推移质来沙量。

五、比降变态与时间变态

在河工模型试验过程中，限于种种条件，往往不能严格遵守相似要求，或为了缩短试验时间或减小试验工作量等，人为地将某些本来应该一致的比尺变得不一致，这样的模型可称为广义的变态模型。一般来讲，除了平面比尺和铅直比尺不一致的几何变态模型，考虑最多的有由非几何变态引起的比降变态和两个时间比尺导致的时间变态问题。

1. 比降变态

几何变态的模型，比降不等于原型比降，而是原型比降的变率倍，即

$$\frac{J_P}{J_m}=\lambda_J=\frac{J_h}{J_L}=\frac{1}{\eta} \tag{3.1.80}$$

其中，η 也是一种比降变态。比降变态是由几何变态派生出来的。但这里所说的比降变态是另一种。无论正态或变态，模型比降均按比尺要求加大到 m 倍，对于几何正态模型，应有

$$\frac{J_P}{J_m}=\lambda_J=\frac{1}{m} \tag{3.1.81}$$

对于几何变态模型，应有

$$\frac{J_P}{J_m}=\lambda_J=\frac{J_h}{mJ_L}=\frac{1}{m\eta} \tag{3.1.82}$$

这实际上等于给模型人为地增添一个附加比降。是为了增大模型流速，使得在模型不是很大或模型沙容重不是很小的条件下，也能满足起动相似。

采取上述做法，一般都是模型沙及模型的几何比尺已经初步选定，因而模型的起动流速比尺及糙率比尺可分别由下式初步定出：

$$\lambda_{U_c}=\left(\frac{\lambda_h}{\lambda_d}\right)^{0.14}\lambda_{\frac{\rho_s-\rho}{\rho}}^{1/2}\lambda_d^{1/2}\lambda_\xi^2 \tag{3.1.83}$$

$$\lambda_U=\frac{1}{\lambda_n}\lambda_h^{2/3}\left(\frac{\lambda_h}{\lambda_L}\right)^{1/2} \tag{3.1.84}$$

但起动相似得不到满足，即 $\lambda_U>\lambda_{U_c}$ 也就是，流速比尺偏大，模型流速偏小，当原型流速达到起动流速时，模型流速则小于起动流速，达不到起动相似。

在这种情况下，如果不能通过加大 $\lambda_{\frac{\rho_s-\rho}{\rho}}^{1/2}$ 及 λ_d 也就是减小模型沙密度及粒径来提高 λ_{U_c} 或不能通过减小 λ_L，也就是把模型做大即减小模型几何比尺来降低 λ_U，此时，加大模型比降，即取

$$\lambda_U=\frac{1}{\lambda_n}\lambda_h^{2/3}\left(\frac{\lambda_h}{m\lambda_L}\right)^{1/2} \tag{3.1.85}$$

就成为降低 λ_U，使得起动相似得到满足的一个替代办法。此时 m 可按下式计算：

$$m=\frac{\lambda_h^{7/3}}{\lambda_n^2\lambda_L\lambda_{U_c}^2}=\frac{\lambda_h^{43/21}}{\lambda_n^2\lambda_L\lambda_{\frac{\rho_s-\rho}{\rho}}\lambda_d^{5/7}\lambda_\xi^2} \tag{3.1.86}$$

比降变态可以看成是在正态或变态模型基础上作出的进一步的准几何变态。这是因为，几何变态将同时使铅直方向的长度比降变态，而这里仅使比降变态，铅直方向长度则维持不变。比降变态和几何变态既然存在上述关系，采用几何变态所引起的问题，对于比降变态，也同样存在。

2. 时间变态

泥沙模型存在两个时间比尺，由水流连续相似导出的时间比尺：

$$\lambda_t=\frac{\lambda_L}{\lambda_U} \tag{3.1.87}$$

及由河床变形相似导出的悬移质时间比尺：

$$\lambda_{t'}=\frac{\lambda_L\lambda_{\rho'}}{\lambda_U\lambda_S} \tag{3.1.88}$$

推移质时间比尺：

$$\lambda_{t''}=\frac{\lambda_L\lambda_{\rho'}}{\lambda_U\dfrac{\lambda_{gb}}{\lambda_q}} \tag{3.1.89}$$

λ_t 和$\lambda_{t'}$、$\lambda_{t''}$这三个时间比尺通常不等，关系是 $\lambda_t<\lambda_{t'}<\lambda_{t''}$。按照水流连续相似要求，模型试验历时较长；按照河床变形要求，模型试验历时较短。由于泥沙模型试验主要研究河床变形问题，所以实践中采用 $\lambda_{t'}$ 或 $\lambda_{t''}$ 来进行模型试验，这就出现了时间变态问题。

时间变态之所以产生，而且还往往比较大，主要是由用轻质沙引起的。如果采用如下形式悬移质含沙量比尺：

$$\lambda_S=\frac{\lambda_{\rho_s}}{\lambda_{\frac{\rho_s-\rho}{\rho}}} \tag{3.1.90}$$

和推移质输沙率比尺：

$$\lambda_{gb}=\frac{\lambda_{\rho_s}\lambda_h^{3/2}}{\lambda_\eta^{77/25}\lambda_{\frac{\rho_s-\rho}{\rho}}^{77/50}} \tag{3.1.91}$$

可将其转化为

$$\lambda_{t''}=\frac{\lambda_L\lambda_{\rho'}}{\lambda_U\lambda_{S_s}}=\frac{\lambda_L\lambda_{\rho'}}{\lambda_U\dfrac{\lambda_{gb}}{\lambda_q}}=\frac{\lambda_L}{\lambda_U}\frac{\lambda_{\rho'}\lambda_q\lambda_{\frac{\rho_s-\rho}{\rho}}^{77/50}}{\lambda_{\rho_s}\lambda_h^{3/2}} \tag{3.1.92}$$

导出式（3.1.91）时，取 $\lambda_\eta=1$。可以明显看出，λ_S 或 λ_{S_s} 对于轻质沙总是小于 1 的，轻质沙的密度愈小，差距愈大，再加上 $\lambda_{\rho'}$ 通常均大于 1，就使得 $\lambda_{\rho'}/\lambda_S$ 通常均远大于 1。结果 $\lambda_{t'}$、$\lambda_{t''}$，总是远大于 λ_t。

采用的时间比尺较大，模型放水历时可以缩短，从而大大提高工效，特别是包括若干年的长系列模型试验。而按照水流连续条件导出的时间比尺往往很小，较大的时间比尺使许多试验成为可能，这些 $\lambda_t<\lambda_{t'}<\lambda_{t''}$的明显优点。

第二节 模 型 设 计

一、模型试验概述

（一）河工模型试验的意义

模型试验是科学试验中一项重要的研究方法与专门技术，在水利研究中应用非常广泛。

河工模型试验是运用河流动力学知识，根据水流和泥沙运动的力学相似原理，模拟与原型相似的边界条件和动力学条件，研究河流在天然河流情况下或在有水工建筑物情况下的水流结构、河床演变过程和工程方案效果的一种方法。

近年来，根据数理方程利用数学模型使用电子计算机进行计算的方法，在河流问题的研究中获得了广泛的应用与发展，具有迅速、准确，能节约大量人力、物力与时间的显著优点。但如果在河槽形态的发展中不能适当的简化以及问题的三维性质占有十分重要的地位，或在试验范围内水流通过重要的水工建筑物的情况下，难以用数理方程表达时，目前数学模型仍然不能代替物理模型。在许多情况下，常采用数学模型与物理模型相结合的研究方式，以求得问题的解决。河工模型试验的研究成果，对制定正确的河流规划和在工程设计提供依据方面能起到很重要的影响，因而在国民经济建设中具有一定的作用。

（二）河工模型试验和种类

河工模型试验按所研究问题分为定床（固定河床）模型试验和动床（活动的可冲刷河床）模型试验两种。河床在水流作用下不发生变形的模型称为定床模型，河床在水流作用下发生变形的模型称为动床模型。采用定床模型的条件是河床变形不显著或虽有变形但对所要研究的问题影响不大，如研究河道分洪、蓄洪问题时可采用。当河道变形显著时就要采用动床模型，如研究河道建筑物的局部冲刷问题时可采用。但由于动床模型试验的理论和技术尚未臻完善，实际上在许多情况下，只能把河底做成可冲的而把岸边做成固定的。研究问题时还有很大的局限性。许多与江河的河床演变有关的问题仍多采用定床或定床与动床相结合的模型试验，有时采用与数学模型相结合的方法。

河工模型按其几何相似的程度，不论是定床还是动床，均可分为正态与变态两种。正态模型是完全遵守几何相似的模型。模型如果能够采用正态当然最理想，但一般河工模型由于试验场地面积和水流形态的限制，不得不采用变态才能进行试验。因此，常将垂直方向的比尺加大，以增加模型的水深和流速，这种模型称为变态模型。通常河工变态模型水平方向的两个比尺采用一个数值，而垂直方向的比尺则采用另一个数值，水平比尺与垂直比尺的比值称为变态率。当模型需要变态时，需经慎重研究而后确定。

近年来，在动床模型试验中还提出了一种自然河工模型试验的方法。这种试验方法主要是定性地模拟河床的演变过程，可用以研究河流上水文泥沙条件发生较大改变时河床演变的发展趋势。这种方法的实践经验还不够多。

（三）河工模型试验的工作内容

1. 模型制造和量测设备准备阶段

当确定模型比尺及范围准备了必要的器材后，即可按照几何比尺根据河道断面和地形要求、建筑物的形式和尺寸，准备模型地形断面板、制造和安装模型。模型制造时要防止槽漏水和沉陷。模型制成后要进行地形的校核，必要时需加修改。

在模型制造的同时，应该进行试验设备的准备和安装工作。试验设备主要有：①水沙循环系统，包括蓄水池、水泵、供水管道、配沙和加沙设备、沉沙池、回水渠等设备；②量水设备，常用的有量水堰、文德里或电磁流量计、孔口箱等。

除上述设备外，还要准备或试制量测仪器，包括测定水位、流速、流向、含沙量、淤积厚度及断面仪等方面的测验仪器。随着科研的发展，现在更加广泛地采用电测仪器，并力求量测自动化。同时还需要准备量测仪表的率定设备。

2. 试验的进行阶段

首先，进行模型的验证试验。根据实测水位、模型水位进行相应的率定，常采用加糙或减糙的办法对模型加以修改校正。还要根据天然实测流速分布、含沙量分布、河床冲淤形态及过程等资料，在模型中对水流运动和泥沙冲淤变化的相似进行验证试验，以判断模型设计的正确程度和模型沙的适应性能。通过验证试验，有时还要调整输沙率比尺或流量持续时间比尺等。

然后，进行正式试验。根据工程规划的各种方案，对不同水文年系列的河床冲淤变化进行试验，以适应预报河床演变和工程措施效果的需要。

3. 试验资料的分析与总结

试验资料的整理与分析，是模型试验工作的重要内容。试验资料的整理与分析应该是边试验、边整理，务必及时进行，以便发现问题，及时研究，指导工作。当然，试验结束后要对全部资料进行全面的整理分析，进行全面总结，得出结论，并编写试验研究报告，绘制附图，以期能对工程的规划设计工作和工程方案措施提供必要和充分的科学论据。

二、资料收集

1. 地形资料的收集

地形资料包括历年河道或库区的实测大断面资料、水文站测流断面的资料及纸质地形图或 DEM 等。断面实测资料可以为计算水力要素提供面积、水力半径等，断面套汇可以了解河道的横断面形态冲淤变化过程。纸质地形图或 DEM 可以为无实测断面的河段提供模型所需要的水上地形资料等。因此，有必要充分重视研究范围内的地形资料的收集。

2. 水文泥沙资料的收集

水文泥沙资料主要包括：测流断面或水文站断面的水位、水温、流量、泥沙、水质、蒸发量及雨量站的降水量等资料。其中，水位资料包括逐日平均水位、水位频率、冰雪记录、地下水位、水温月年统计等；流量资料包括实测流量、逐日平均流量、洪水水文要素及流量频率等；含沙量资料包括实测悬移质输沙率、逐日平均含沙量、悬移质输沙率月年统计、实测悬移质断面平均颗粒级配、月年平均悬移质颗粒级配、实测悬移质单位水样颗粒级配、实测河床质断面平均颗粒级配、实测推移质断面平均颗粒级配、实测推移质输沙率等；降水资料主要包括逐日降水量、汛期降水量等。

3. 模型沙特性资料

在进行模型设计前有必要充分了解将要采用的模型沙的物理化学特性，因为在模型设计中要用到模型沙与原型沙的相似问题，有时候，模型沙在模型设计及试验过程中对试验的成败起到决定性的作用。目前，模型沙的选配一般不轻易改变，所以在模型设计前有必要充分了解当前模型试验中经常采用的几种模型沙的物理化学特性。下面仅就在黄河模型试验中经常用到的模型沙进行介绍。

在动床河工模型试验中，模型沙特性对正确模拟原型泥沙运动规律具有重要作用。特别是对于模拟冲淤调整幅度较大的原型情况，既要保证淤积相似，又要保证冲刷相似，因此对模型沙的物理、化学等基本特性有更高的要求。长期以来，李保如、屈孟浩、张隆荣、王国栋、姚文艺等曾在大量生产试验中，对包括煤灰、塑料沙、电木粉等材料在内的模型沙的特性进行了总结，最近还进行了天然沙、煤屑及电厂煤灰等各种模型沙的土力学特性、重力特性等基本特性的试验，试验成果见表 3.2.1。

表 3.2.1　模型沙土力学特性及水下休止角试验成果

材　料	容重 γ_s /(kN/m³)	干容重 γ_0 /(kN/m³)	黏结力 C /(kg/m²)	内摩擦角 /(°)	水下休止角 /(°)	d_{50}/mm
郑州火电厂煤灰	21.56	1.16	0.187	30.35	31～32	0.019
郑州火电厂煤灰	21.56	1.13	0.082	33.39	30～31	0.035
郑州火电厂煤灰	21.56	1.00	0.090	30.75	30～31	0.035
郑州火电厂煤灰	21.56	1.15	0.105	31.49	30～31	0.035
煤屑	14.70	0.70	0.080	34.99	30～31	0.03～0.05
焦炭	15.09	0.88	0.260	27.50	30～31	0.03～0.05
黄河中粉质壤土	26.74	1.45	0.035	20.57	31～32	0.025
黄河中粉质壤土	26.56	1.45	0.104	22.15	31～32	0.020
黄河重粉质壤土	26.66	1.45	0.136	19.32	31～32	0.015
郑州热电厂煤灰	20.58	0.90	0.060	31.20	29.5～30.5	0.037

三、模型制作过程

物理模型试验技术路线如图 3.2.1 所示。其中模型设计如图 3.2.2 所示。对于环北部湾广东水资源配置工程整体河工模型试验来说，模型制作最基本的工作为几何比尺的选择和模型沙选择。

1. 几何比尺的选择

在确定几何比尺前，有必要根据研究的内容和场地试验条件来初步确定水平比尺，根据研究河段的平均水深、平均河宽等确定垂直比尺。

在确定垂直比尺时要注意模型的变态问题，通常在天然河道的水深较浅，若将模型设计成为正态，则模型水深将会很小，给试验造成不能忽视的缩尺效应。因此，一般天然河道的模型为变态模型，但由于考虑模型水流的深度应满足的表面张力及试验量测的要求，需要对选择的模型变率的合理性进行充分的论证。

模型变率的合理性可以采用张红武、窦国仁、张瑞瑾等对模型变率的研究成果进行，以保证模型变率在所限制的范围内，使设计的模型满足工程实际需要。

2. 模型沙选择

在选定模型几何比尺后，要根据研究河段天然河床质组成特点及其土力学特性分析选择模型沙。

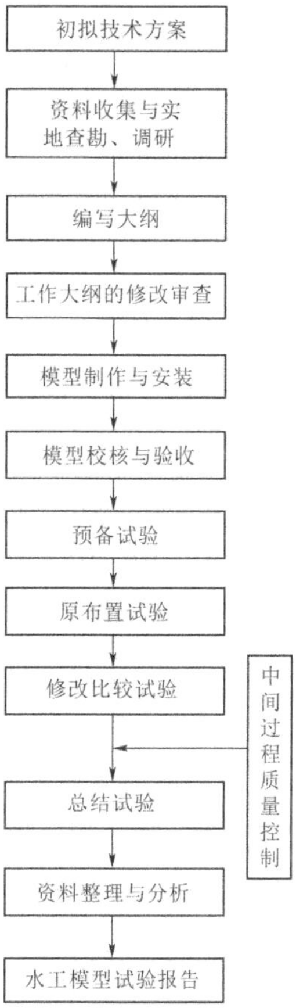

图 3.2.1　物理模型试验技术路线图

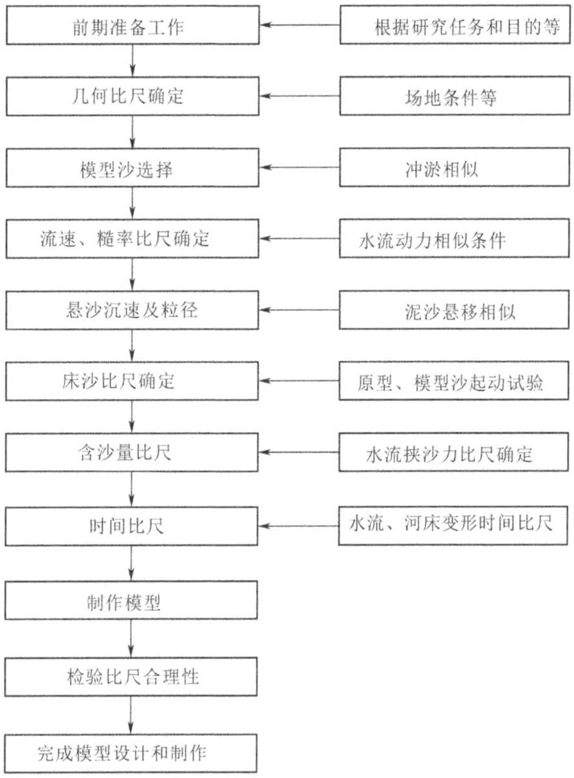

图 3.2.2　模型设计流程

天然河床质的土力学特性主要包括：床沙的颗粒级配、容重、干容重、内摩擦角、水下休止角、黏结力、土质的液限、塑限等，依据上述土力学指标和本章第二节中各种模型沙的物理化学特性分析，初步确定适合该河段的模型沙。若该河段在以前做过类似的模型试验，可以参考以往模型沙选择的数据及论证，但如果模型比尺有所变化，应重新对所选择的模型沙进行论证，以确保所选择的模型沙与天然河床组成的相似性，才能保证模型试验结果的可靠性。

第三节　测　试　设　备

在模型各项参数确定后，在考虑场地、供电、供水等情况下，设计好包括设备控制系统和测试设备完成的试验模型，包括水流系统、沉沙池、量水设备、静水池、模型前池、控制尾门、回水渠以及试验设备等，本节重点对恒定流河工试验常使用的水位及流速测试设备。

1. LS－8C 八线红外流速采集仪

LS－8C 八线红外流速采集仪可配置多达 8 支的红外旋桨流速测杆，主要用于同步测量水体的多点流速。流速仪本身配置了键盘和大屏幕液晶显示器，既可自成一测量体系，也可通过机上的通信接口与监控机连接。通过键盘可输入测杆 K 值、C 值、模型流速比尺 v、采样时间 T_c、采样间隔时间 T_w。通过切换，可在显示器上显示出流速值 V 和旋桨脉冲计数 N。上述参数也可在与流速仪相联之监控机上设置。可配置的红外旋桨流速测杆采用红外发射、接收元件，抗干扰能力强。该采集仪具有通信、手动与自动采集方式。

该流速采集仪具有以下特点：

（1）内置双微处理器、闪速存储器等。

（2）具有仪器自检和看门狗功能。

（3）网口 RJ45 通信接口，可用于网络。

（4）使用红外光技术，恒定电流驱动，低功耗，长寿命。

（5）背光大屏幕液晶显示器，汉字界面，四键操作。

（6）配有相应采集软件。

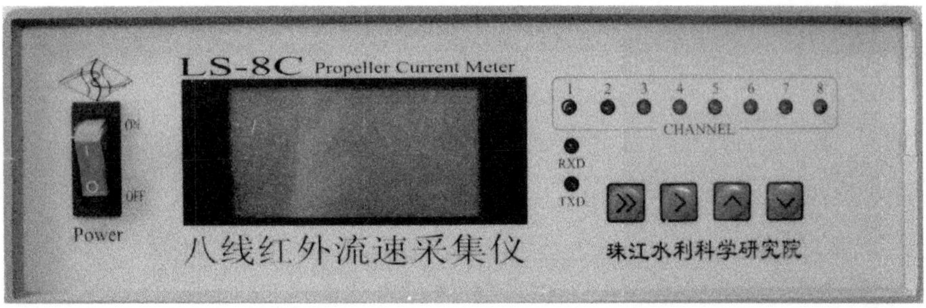

图 3.3.1 流速采集仪操作面板图

2. DDLS－1 单点流速采集仪

DDLS－1 单点流速采集仪主要用于同步测量水体的多点流速。流速仪本身配置了键盘和大屏幕液晶显示器，既可自成一测量体系，也可通过机上的通信接口与监控机连接。通过键盘可输入测杆 K 值、C 值、采样时间 T_c、采样间隔时间 T_w。通过切换，可在显示器上显示出流速值 V 和旋桨脉冲计数 N。上述参数也可在与流速仪相联之监控机上设置。可配置的红外旋桨流速测杆采用红外发射、接收元件，抗干扰能力强。该采集仪具有通信与自动采集方式。内置的闪速存储器和锂电池，可保证户外的正常工作和数据记录。

该流速采集仪具有以下特点：

（1）内置 16 位高速微处理器。

（2）内置大容量闪速存储器，满足数据记录要求。

（3）具有仪器自检和看门狗功能。

（4）体积小巧，适用于户外便携使用。

（5）使用红外光技术，恒定电流驱动，低功耗，长寿命。

（6）背光大屏幕液晶显示器，汉字界面，四键操作。

（7）内置大容量锂电池，可长期工作。

3. GS－6 光栅水位仪

GS－6 光栅水位仪主要用于测量河工、水工和港工模型的水位。

该光栅水位仪具有以下特点：

（1）机电一体化设计。

（2）内置双微处理器、闪速存储器等。

（3）具有仪器自检和看门狗功能。

（4）内置高精度长光栅编码器，分辨率达 0.001cm。

（5）采用 LM 线性轴承导轨、同步带传动机构，行走顺畅。

（6）RS485 通信口，可用于网络。

（7）水位测针叠加微弱交流电，减少测针极化。

（8）水位测针下行限位设定，保护针尖戳碰模型地面。

（9）6 位高亮度 LED 数码显示，三键键盘，操作灵活，可单机独立时使用，亦可用于计算机联网参数设定。

（10）振动式入水，消除水表面张力，保证测量精度 0.01cm。

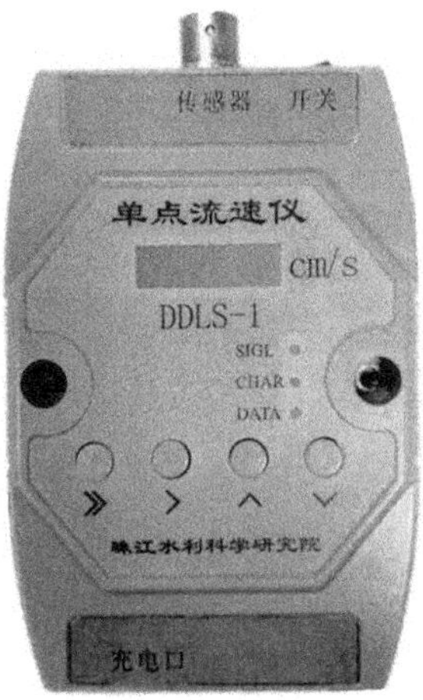

图 3.3.2 单点流速采集仪操作面板

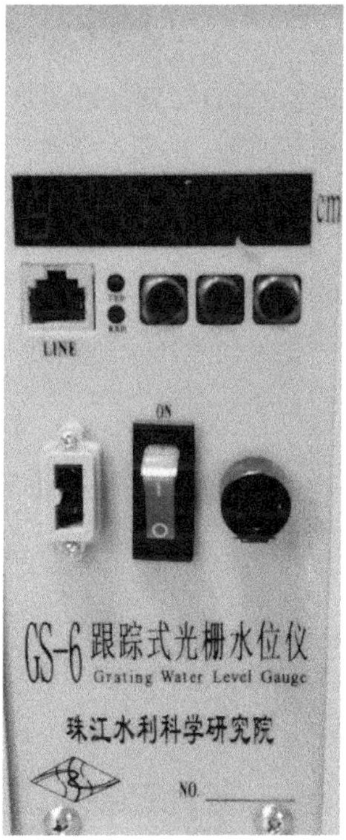

图 3.3.3 光栅水位仪操作面板

第四章　环北部湾广东水资源配置工程整体河工模型试验

第一节　整体河工模型试验概况

河道整体河工模型重点开展取水口位置比选试验研究，测试取水口推荐方案运行期取水江段水位、流速、流态分布及变化，分析工程建设对区域航道通航、河势等影响，并对典型水文年的取水口、引水渠以及河床泥沙淤积进行预测。

根据试验研究内容、工程河段河道特征以及相关规范规程要求，河道整体河工模型模拟范围包括取水口上游 9.0km、下游 5.0km 的河道，模型布置见图 4.1.1。

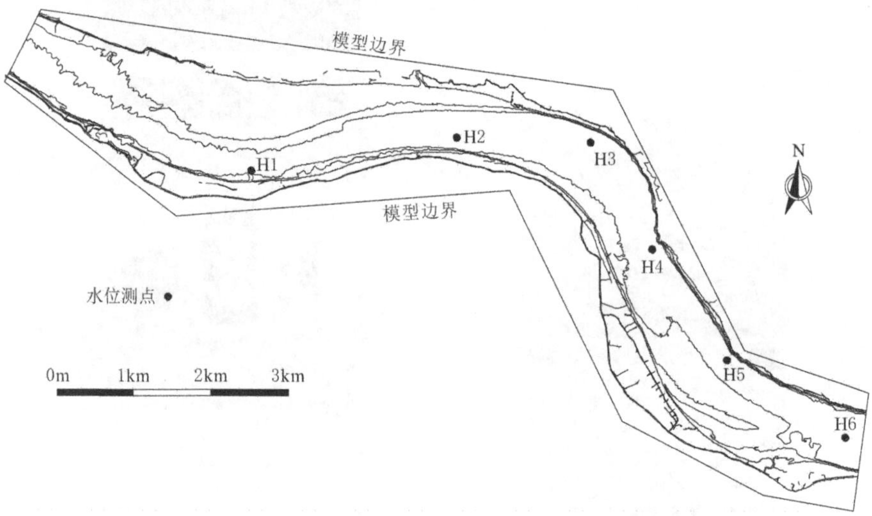

图 4.1.1　物理模型试验平面及水位测点布置图

第二节　模型制作与比尺参数的选取

一、相似性

对于定床模型，在满足几何相似的条件下，还应满足重力相似、阻力相似、水流运动时间相似和水流运动连续性相似。

水流运动相似条件：

阻力相似 $\lambda_n=\lambda_H^{\frac{2}{3}}/\lambda_L^{\frac{1}{2}}$

重力相似 $\lambda_v=\lambda_H^{\frac{1}{2}}$

水流运动时间相似 $\lambda_{t1}=\dfrac{\lambda_L}{\lambda_v}$

水流运动连续性相似 $\lambda_Q=\lambda_H\lambda_L\lambda_V$

河床演变分析认为工程所在河段以推移质造床为主，尤其工程区域主要以推移质泥沙淤积为主，本次泥沙淤积试验以推移质运动进行设计，因此，在定床模型基础上，还需满足泥沙起动相似、输沙率相似、河床冲淤变形相似等。

泥沙运动相似条件：

起动相似 $\lambda_{v_0}=\lambda_v$

输沙率相似 $\lambda_p=\lambda_{p*}$

河床变形相似 $\lambda_{t_2}=\dfrac{\lambda_{\gamma_0}\lambda_L\lambda_H}{\lambda_p}$

以上各式中，λ_L、λ_H、λ_V、λ_n、λ_{v0}、λ_p、λ_{p*}、λ_{γ_0}、λ_{t2} 分别代表模型平面比尺、垂直比尺、流速比尺、糙率比尺、起动流速比尺、推移质输沙率比尺、推移质泥沙的输沙能力比尺、干容重比尺、推移质冲淤时间比尺。

二、模型比尺选取

1. 模型平面比尺

根据试验目的和内容、模拟范围、试验测量精度、场地、供水等，选定模型平面比尺 λ_l 为 200。

2. 模型垂直比尺

根据规范对河段枯水期河宽水浅、模型选沙的要求，本次按变态模型进行设计。

根据模型水流处于阻力平方区的要求：垂直比尺的确定须考虑层流与紊流的界限、阻力平方区的界限、表面张力起作用的界限、变率的限制以及变态模型糙率实现的可能性等。采用如下李昌华的模型水流处于紊流阻力平方区的水深比尺判据条件来确定模型垂直比尺：

$$\lambda_h \leqslant 4.22\left(\frac{V_P H_P}{v_m}\right)^{\frac{2}{11}}\lambda_P^{8/11}\lambda_l^{8/11}$$

式中：V_P 为原型水流流速；H_P 为原型河道最小平均水深；λ_l 为模型的平面比尺；λ_P 为原型的阻力系数；ν_m 为模型水流运动黏滞系数。经计算，$\lambda_h<116$ 时，模型水流将处于阻力平方区。

满足模型上表面张力的限制条件：研究河段右岸取水口进口附近最小水深为 3.3m，为满足模型上表面张力的限制条件：

$$\lambda_H<\frac{H_P}{3\text{cm}}=\frac{330}{3}=110$$

经上综合分析，最后确定本模型的垂直比尺 λ_h 为 100，相应的变率 η 则为 2，这样可以减轻因变率偏大引起的泥沙运动相似性偏离之程度，同时经计算亦可满足避免表面张力影响的要求，达到 JTS/T 231—2021《水运工程模拟试验技术规范》中模型变率宜采用 2～5 的要求。

根据实测资料，原型糙率为 0.02～0.025，按模型糙率比尺折算，模型要求的糙率为 0.013～0.016，一般水泥抹面的糙率约为 0.014～0.015，满足阻力相似要求，符合相关技术规程规定。

其他比尺：

流速比尺　$$\lambda_v=\lambda_h^{1/2}=10$$

糙率比尺　$$\lambda_n=\frac{\lambda_h^{2/3}}{\lambda_l^{1/2}}=1.52$$

水流时间比尺　$$\lambda_{t_1}=\frac{\lambda_l}{\lambda_v}=20$$

流量比尺　$$\lambda_Q=\lambda_l\lambda_h^{3/2}=200000$$

三、模型沙选择

1. 原型代表沙样选择

根据工程河段河床表层取样成果，河道右侧水域河床底质主要以中沙、粗沙及极粗砂为主，同时伴有小卵石，底沙级配较为宽泛，底沙中值粒径 $D50=0.4\sim2.8$mm，本次取中值粒径 1.5mm 进行模型选沙。

2. 模型沙选择

为得到河床质起动流速与其物理力学性质的关系，在泥沙模型试验中通常有两种做法：其一是进行专门的起动流速预备试验，亦即对原型沙和拟用材料的各种粒径的模型沙进行水槽内的起动流速试验；其二是引用已有的起动流速公式，直接推求出起动流速、容重、粒径等相似比尺应满足的关系，再据以选择模型沙材料及粒径，见表 4.2.1。

泥沙起动流速采用沙漠夫公式进行计算。

沙漠夫公式为：

$$V_C=kd^{1/3}h^{1/6}$$

式中：k 为流速公式系数，取 4.6；d 为天然沙粒径，以 m 计；h 为水深。

表 4.2.1　泥沙起动流速计算表

水深/m	6	10	14	18	22	26	30
流速/(m/s)	0.70	0.77	0.82	0.85	0.88	0.91	0.93

在天然河道水深为 6～30m 时，按照沙漠夫公式计算河床泥沙起动流速为 0.70～0.93m/s，按照泥沙起动相似要求，模型沙的起动流速要在 0.07～0.09m/s。通过对木屑、塑料沙、煤粉多种不同模型沙起动流速进行分析比较，确定选用中值粒径为 0.20mm、比重为 1.25t/m^3 的塑料沙作为模型沙。通过水槽起动试验测得，该模型沙在水深 6～30cm 时（相当原型 6～30m）的起动流速为 5～8cm/s，基本满足研究的起动相似要求。

3. 推移质输沙率及河床变形时间比尺估算

由于宽级配推移质泥沙运动极其复杂，当前还没有一个公认且比较准确的公式来计算天然沙和模型沙的输沙率，加之缺乏天然实测资料，只得用某些公式的计算值作为初步试验值，并根据河床地形验证情况加以调整，直至河床冲淤地形基本相似。

根据前述确定的各项比尺、相似条件关系以及以往工程河段研究相关经验，计算得到推移质输沙率比尺、及相应的河床变形相似时间比尺，以此作为模型验证试验时的参考初值，最终由动床验证试验确定。

根据选取模型沙粒径计算的推移质输沙率比尺为

$$\lambda_{q_s b}=\frac{\lambda_{\gamma_s}}{\lambda_{\gamma_s-\gamma}}\frac{\lambda_V^4}{\lambda_{CO}^2\lambda_\omega}=76$$

冲淤时间比尺为

$$\lambda_{t_2}=\frac{\lambda_{\gamma_0}\lambda_H\lambda_L}{\lambda_{p_{sb}}}=635$$

四、整体模型制作

模型地形采用断面板法制作，水泥砂浆抹面，断面间距 70cm（模型值，相当原型 70m），且对地形变化较大的位置进行局部断面加密。模型安装精度控制要求如下：

（1）平面导线方位允许偏差为±0.1°。

（2）地形高程允许误差为±1mm，平面距离允许误差为±5mm。

（3）水准基点和测针零点允许误差为±0.1mm。

模型安装完毕后，对地形进行全面校核，模型制作满足规范要求。

第三节 定床模型验证

一、验证条件

中水珠江规划勘测设计有限公司 2021 年 1 月 1 日—7 月 31 日在取水口上游约 700m 处设立水位与流量观测站，在取水口下游约 4600m 处设水位比降站，观测站位置如图 4.3.1 所示。珠江水利科学研究院于 2021 年 7 月 14 日对工程河段开展了水文测验，水文测验包括 1 个流量断面、3 个水位测点、4 个流速流向测点，测点布置见图 4.3.2。

2021 年 1 月 1 日—7 月 31 日地心基本站来流过程如图 4.3.3 所示，地心基本站和比降站水位过程见图 4.3.4。由图可见，水文观测时间段内共发生 4 次明显的涨水过程，其中，5 月 12 日—6 月 11 日发生 3 次，日最大洪峰流量为 15054m^3/s，试验选取 5 月 21 日洪峰流量（14346m^3/s）对应的水文作为中水验证条件，地心基本站水位为 7.77m、比降站水位为 7.50m。6 月 28 日—7 月 13 日发生观测时段内最大洪峰流量 21900m^3/s，试验选取该流量对应的水文作为洪水验证条件，地心基本站水位为 11.16m、比降站水位为 10.82m。中、洪水期间河道水位相对较高，河势主要受两岸边界影响明显，受河床阻力影响相对较小，本次仅做水位验证。

试验选取 2021 年 7 月 14 日最大流量对应的水位作为洪水恒定流验证条件，主要对河势、水位、流速分布等进行验证，率定模型糙率相似性。

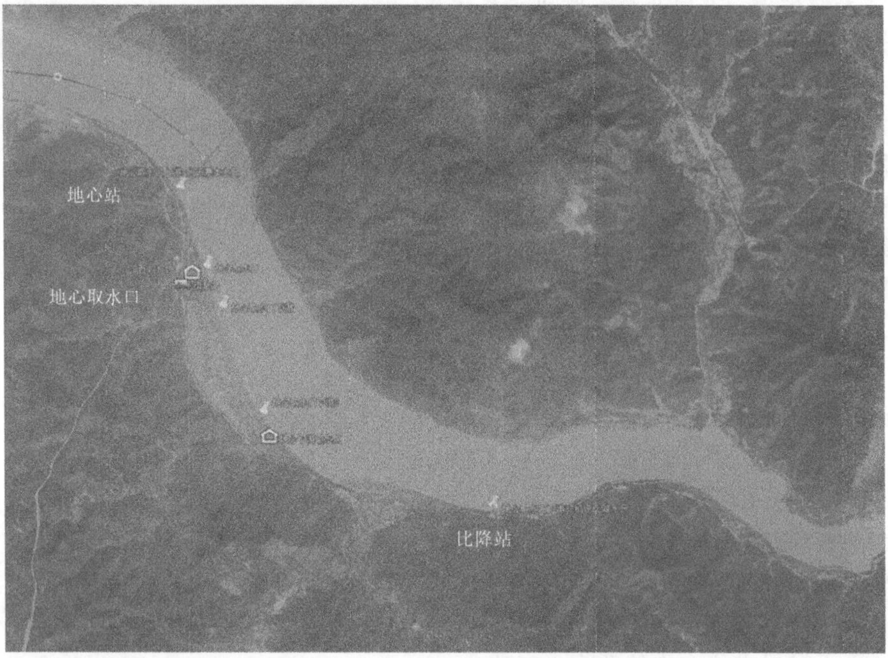

图 4.3.1　2021 年 1—7 月水位、流量观测测点布置图

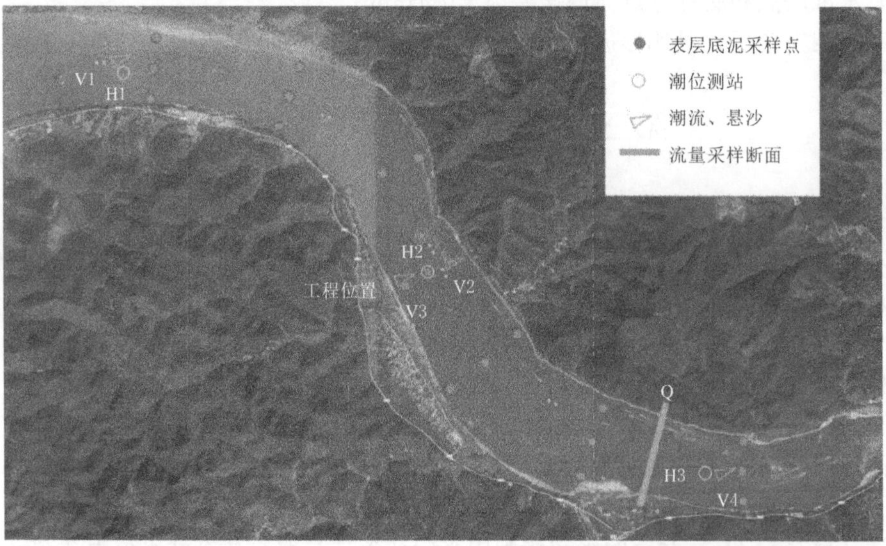

图 4.3.2　2021 年 7 月 14 日水文测验测点布置图

二、枯水验证

表 4.3.1 为枯水期水位验证成果表，表 4.3.2 为枯水期流速流向验证成果表。由表可见，枯水期模型水位与实测水位基本一致，水位差值在 0.02m 以内，模型糙率满足规范要求；试验流速与实测值差值在 0.03m/s 以内，流向差值在 5°以内，表明模型制作满足精度要求。

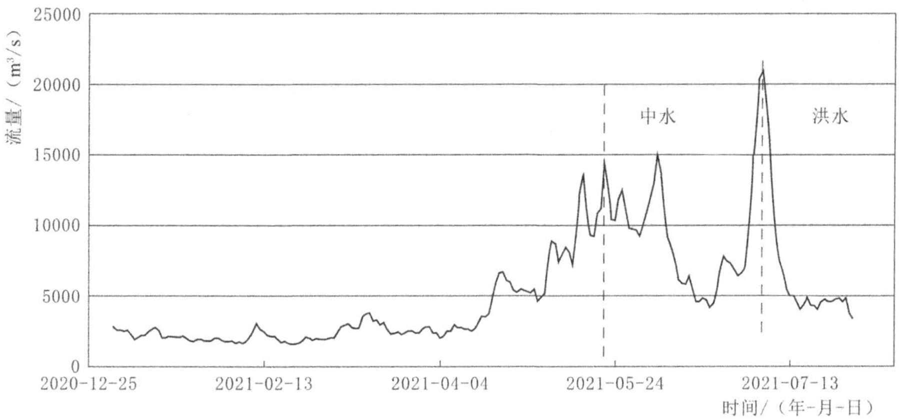

图 4.3.3　2021 年 1—7 月地心基本站流量过程曲线

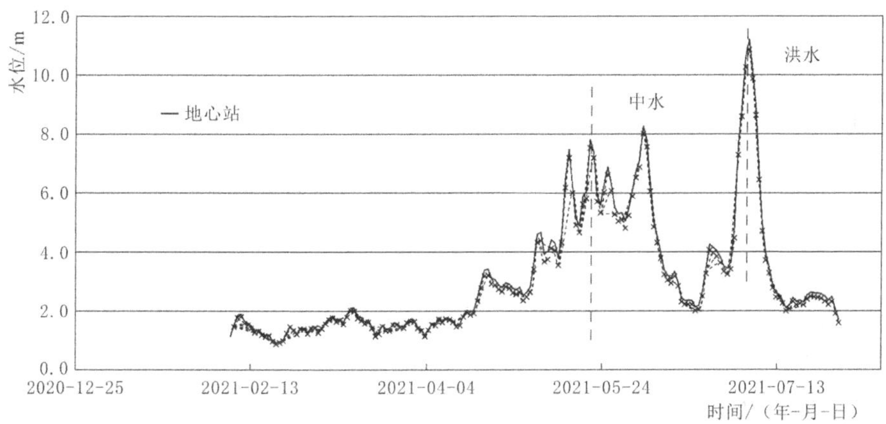

图 4.3.4　2021 年 1—7 月地心基本站与比降站水位过程曲线

表 4.3.1　　枯水期水位验证表（$Q=5584m^3/s$）

测点位置	原型值/m	模型值/m	差值/m
H1	2.55	2.53	−0.02
H2	2.39	2.38	−0.01
H3	2.21	2.21	0.00

表 4.3.2　　枯水期流速验证表（$Q=5584m^3/s$）

测点位置	原型值/(m/s)	模型值/(m/s)	差值/(m/s)
V1	0.82	0.85	0.03
V2	0.63	0.64	0.01
V3	0.46	0.48	0.02
V4	0.82	0.80	-0.02

三、中洪水验证

中洪水水位验证试验，下游水位以比降站进行控制，采用基本站的模型水位与实测值进行对比，水位对比成果见表 4.3.3。由表可见，基本站水位值与实测值相差均在 －0.03m 以内，模型糙率基本满足规范要求。

表 4.3.3　　中洪水条件基本站水位对比

测　站	基本站	比降站	测　站	基本站	比降站
流量/(m^3/s)	14346		流量/(m^3/s)	21900	
实测水位/m	7.75	7.48	实测水位/m	11.17	10.83
模型水位/m	7.72	7.48	模型水位/m	11.16	10.83
差值/m	－0.03	0.00	差值/m	－0.01	0.00

第四节　动　床　验　证

一、验证条件

（一）地形与范围

动床验证采用 2020 年 10 月与 2021 年 8 月实测水下地形资料，验证范围选取水口上下游各 1.0km 的右岸河道。

（二）水沙条件

1. 水流条件

动床验证期间（2020 年 11 月—2021 年 8 月）梧州水文站与工程断面的流量过程如图 4.4.1 所示，工程断面流量在 1543～21900m^3/s，由于小流量河道造床作用较小，试验选取大于 8000m^3/s 以上流量作为动床模型验证条件。物模尾门水位采用比降站实测成果；验证对来流过程进行概化，平均 10d 概化一级，工程断面流量和尾门水位概化如图 4.4.2 所示。

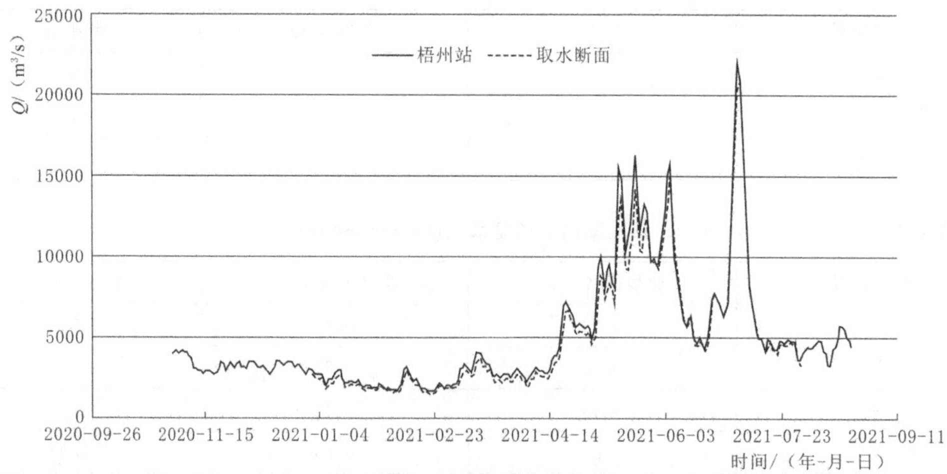

图 4.4.1　工程段流量过程曲线

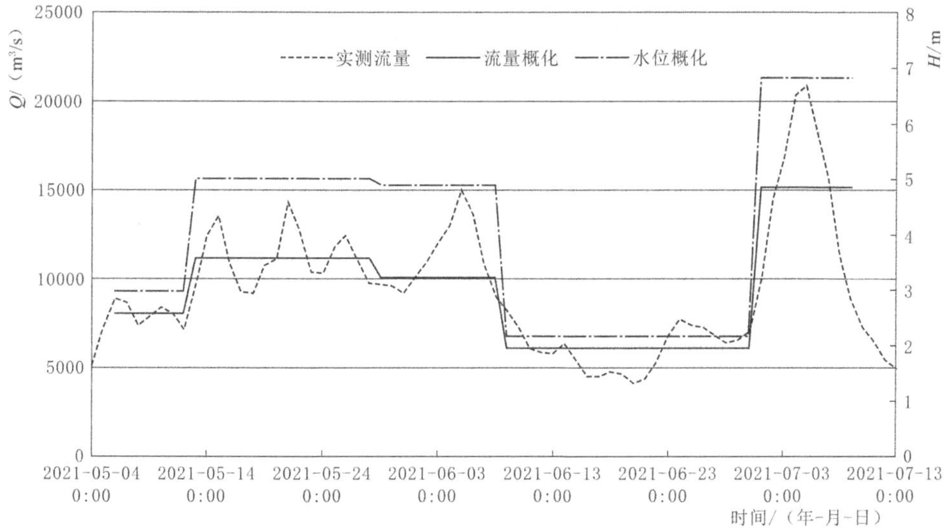

图 4.4.2　动床验证流量与水位概化曲线

2. 泥沙条件

西江流域推移质泥沙实测资料极少，由《长洲水利枢纽三线四线船闸工程初步设计报告》估算的长洲枢纽坝址河段推移质产沙量为 18.6 万～33.4 万 t。长洲枢纽运行以来（2007—2018 年）多年平均悬移质输沙量为 1430 万 t。根据上述推移质输沙量和悬移质输沙量，考虑长洲枢纽建成后对推移质的进一步拦截作用，初步拟定坝址推悬比，结合动床验证试验对工程断面流量和推移质输沙率关系进行修正。

二、动床验证成果

图 4.4.3 为 2020 年 10 月与 2021 年 8 月验证河段地形变化，考虑该时间段内取水口所在的右岸岸坡附近河床以淤积为主，本次动床验证以 2020 年 10 月地形为基础，采用定床加沙形式进行验证。

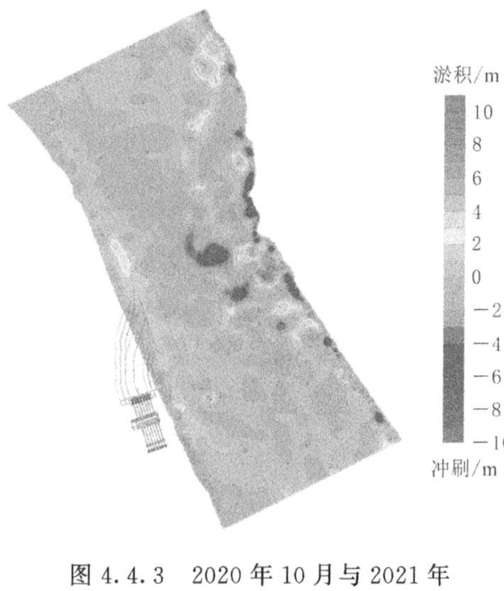

图 4.4.3　2020 年 10 月与 2021 年 8 月验证河段地形变化

图 4.4.4 为工程段动床验证泥沙淤积形态及分布，由图可见，模型泥沙淤积范围与两年份间的地形变化基本一致，淤积区主要位于右岸岸坡附近的河床，试验最大淤积厚度约 2.0m，平均淤积厚度 1.0m，与实际基本一致，模型沙选择基本合适。

动床验证试验修正后的输沙率比尺为 70，冲淤时间比尺为 600。

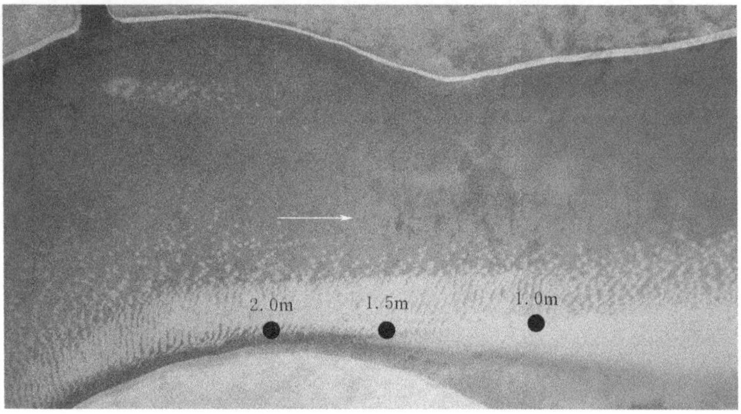

图 4.4.4　工程段动床验证泥沙淤积形态及分布

第五节　取水口位置比选及导沙措施优化试验

一、取水点比选

根据西江河道岸线利用与保护规划，在地心村上下游分别选取埇口、地心和下埇三个比选断面，如图 4.5.1 所示。

图 4.5.1　取水口比选位置示意图

埇口取水点位于河道凸岸的上游侧，靠近河道主流和航道，取水条件相对较好，后经调查，该位置处于鱼类产卵保护区内，无建设条件。下埇取水点前部原为下历沙洲，河床相对较高、泥沙淤积严重，且泵站布置位置有限。地心取水口现状河床相对较低，后方场地满足泵站布置要求，拆迁量小，经综合考虑后推荐地心作为泵站取水点。

(一) 取水口位置比选

在取水点选定基础上，针对泵站的总体布置，考虑河势及取水防沙效果，选择上、下2个取水口进行对比。上、下游取水口距离约1150m，上游取水口引水渠采用明渠＋箱涵＋明渠的形式，进口明渠及箱涵宽约10.0m，底高程为－3.5m。下游取水口采用明渠正向进水，进口宽约179m，底高程为－3.5m，进口拦沙坎顶高程为－1.5m，后设引水渠（兼沉沙池）。

1. 工程水域河道流态

图4.5.2为不同来流条件上下游取水口附近水流流态。

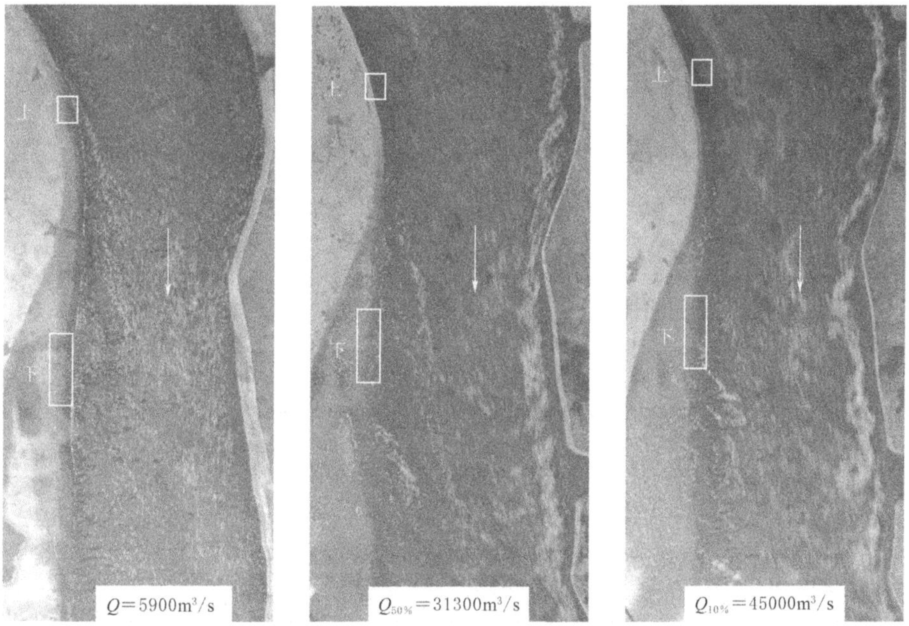

图4.5.2　工程水域河道水流流态

由图可见，工程所在河道的弯道水流“小水走弯，大水走直”的特征明显。小流量时，上游主流斜冲左岸弯道后向右折转，上游取水口基本处于河道主流与右岸岸坡相切处，下游取水口附近为弱流区；随着流量增加，主流动力增强，主流与右岸岸坡相切点位置逐渐下移，上游取水口逐渐处于主流控制区，下游取水口附近水动力略有增强，但仍处于弱流区内。

从两个取水口的取水方式与附近水流流态对比来看，上游取水口具有流速大、低水位取水的优点，有利于工程取水排漂和减小悬移质泥沙淤积；下游取水口附近为弱流区，且采用大开敞式的进水方式，易于悬移质泥沙落淤，且取水口附近容易漂浮物聚集。

2. 推移质泥沙淤积

试验以2年一遇洪水开展取水口附近泥沙淤积对比试验，图4.5.3为工程河段推移质泥沙输移路线及淤积分布，图4.5.4为上下游取水口方案推移质泥沙淤积形态。

由工程河段推移质泥沙输移路线及淤积分布图可见，工程处于弯道凸岸侧的下游段，根据推移质泥沙同岸输移原理，河道右岸侧为推移质泥沙主要输沙通道，根据上下游取水

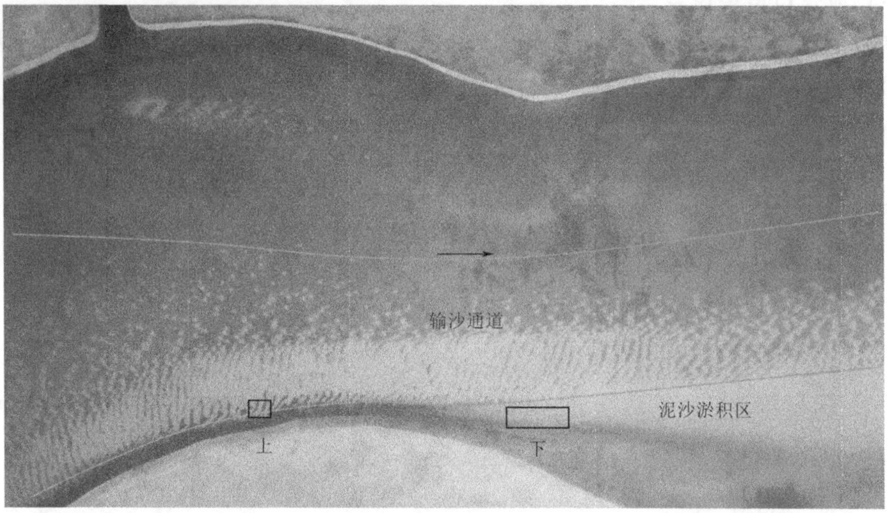

图 4.5.3 工程河段推移质泥沙淤积形态（$Q_{50\%}=31300m^3/s$）

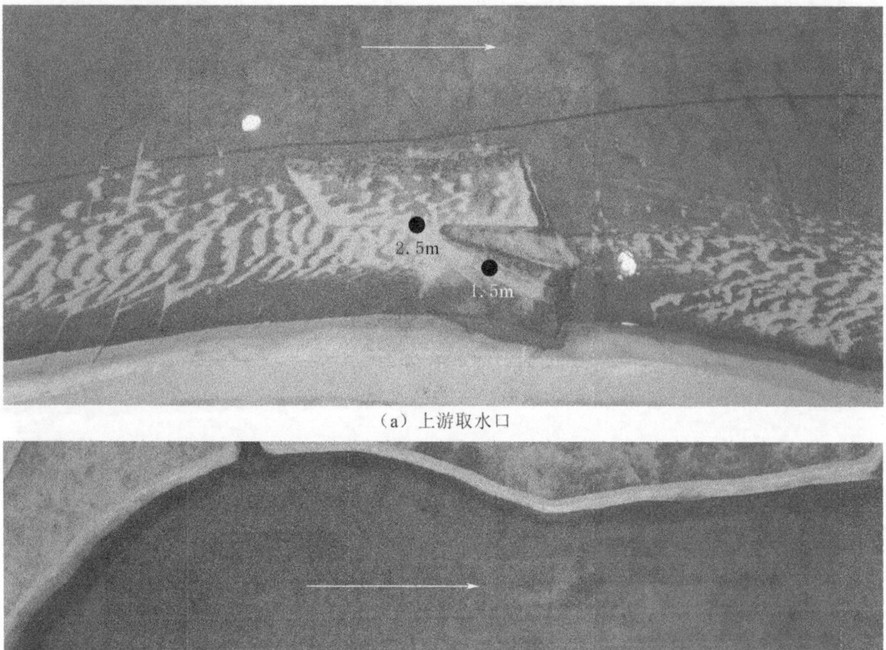

（a）上游取水口

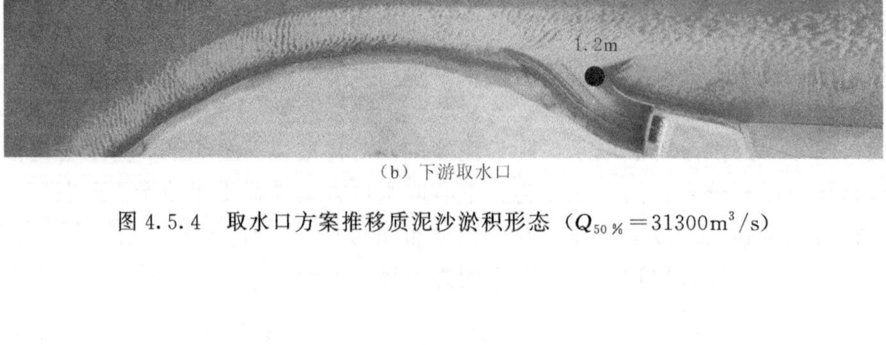

（b）下游取水口

图 4.5.4 取水口方案推移质泥沙淤积形态（$Q_{50\%}=31300m^3/s$）

口位置，上游取水口位于推移质泥沙输沙通道上，下游取水口位于推移质泥沙落淤区。

推移质泥沙输沙率与河道流量成正比关系，大流量河道输沙量大，同时河道水位相对较高，右岸岸坡附近形成推移质泥沙贴岸输移，本次取水口设计方案上、下游取水口底板高程为－3.5m，且均为现状岸坡上开挖而成，易于沿岸输移的推移质泥沙进入到取水口内，尤其是处于推移质输沙带上的上游取水口，试验测得原型5d取水口前部泥沙淤积厚度达2.5m，明渠中部淤积厚度约1.5m，取水口上游方案存在一次淤满的风险较大，明渠＋箱涵的引水渠方案存在推移质泥沙进入难以清理的问题。对于下游取水口方案，试验测得原型5d取水口前部最大推移质泥沙淤积厚度为1.2m，拦沙坎以内推移质泥沙淤积厚度均在0.5m以内，且向内呈递减，相比上游取水口方案，下游取水口方案进口宽度大，整体淤积范围和量大，但淤积厚度相对较薄，发生一次淤满的风险相对较低。

3. 取水口推荐位置

从水流角度来看，上游取水口优于下游取水口；从工程河段泥沙输移特点来看，上、下游取水口方案均位于右岸推移质输沙带上，存在推移质泥沙进入引水渠的风险，对于给定的两个位置推移质泥沙淤积强度（厚度和范围）来看，上游方案中淤积带宽度相对较窄、厚度大，存在一次满淤的风险，总清淤量相对小；下游方案中推移质泥沙淤积带的宽度大、厚度小，一次满淤的风险较低，但总清淤量较大。

综合对比上下游取水口附近的水流流态及泥沙淤积，建议将下游取水口方案作为推荐位置，并开展相应的防（减）淤措施，确保工程取水安全。

二、导沙措施初步优化

取水口导沙减淤措施初步试验以下游取水口为基础，为达到进水渠及拦沙坎前端减淤效果、确保泵站取水安全，试验利用可研阶段取水口布置方案，提出以下几种防沙减淤措施并进行了对比。

1. 桩柱扰流减淤方案

通常水流经过圆柱体时，圆柱体后侧形成一定范围和强度的涡街，局部水流紊动强度增加，本次试验利用圆柱体后涡街作用以达到增涡减淤效果。为了方便清淤船进出引水渠，试验设置2排共10个桩柱，桩柱纵向间距45m、横向间距30m，图4.5.5为桩柱扰流方案取水口附近推移质泥沙淤积形态。

试验发现，靠近河道侧水流流速相对较大的位置，桩柱周围能够形成一定强度的涡街，在其紊动作用下可以将推移质泥沙扬起并带向下游，而靠近拦沙坎附近由于断面流速较低，桩柱很难形成强烈紊动的涡街，上游带来的推移质泥沙仍然淤积，达不到设想的防沙减淤效果。

2. 凸堤方案

凸堤方案是借助于工程措施，营造局部急流区，起到防沙、导沙效果。试验对位于取水口上游150m和250m的凸堤方案进行对比，为减小高水位沿岸坡输移的推移质泥沙进入到引水渠内，试验模拟凸堤最大长度80m，堤顶高程初期按15.0m考虑，垂直墙。

图4.5.6和图4.5.7为凸堤方案布置及取水口附近推移质泥沙淤积形态。

由图可见，沿右岸岸坡输移的推移质泥沙大多在凸堤的拦沙及导沙作用下，沿主河道输移至下游，少部分受凸堤作用而扬起的泥沙在引水渠前端落淤，试验测得2年一遇洪

图 4.5.5　桩柱扰流方案取水口附近推移质泥沙淤积形态

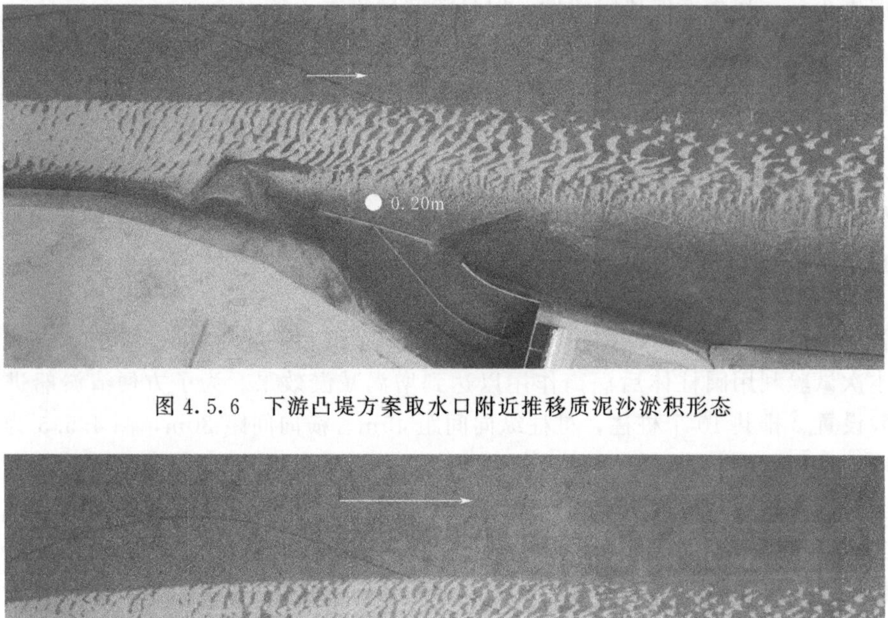

图 4.5.6　下游凸堤方案取水口附近推移质泥沙淤积形态

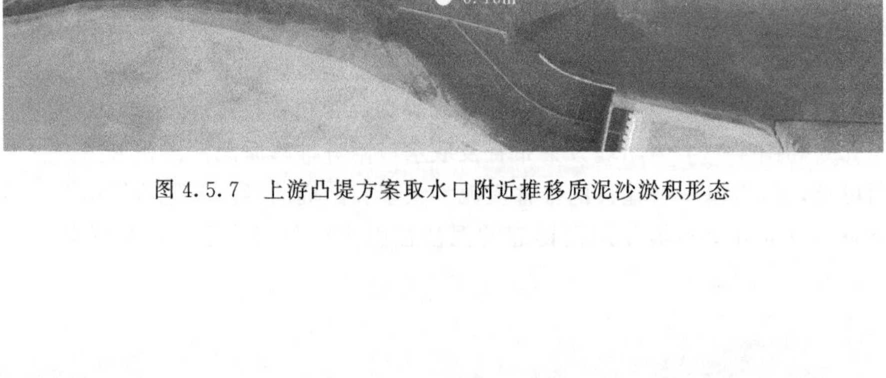

图 4.5.7　上游凸堤方案取水口附近推移质泥沙淤积形态

水，原型 5d 引水渠前部最大推移质泥沙淤积厚度在 0.1～0.2m，凸堤方案基本能够达到防止推移质泥沙进入引水渠的效果。但凸堤方案的主要问题在于其布置的断面处为河道最窄，体量较大的凸堤可能影响河道整体行洪。

3. 导沙坎方案

通过工程措施达到取水口取水防淤的效果势必会付出较大的工程代价，同时可能还会对河势产生较大影响，为此，根据取水口所在河道水流流态及泥沙输移特点，试验建议采用一定的工程减淤措施，降低取水口及引水渠的推移质泥沙落淤量，再结合人工清淤，达到安全取水的效果。为此，提出导沙坎方案，导沙坎方案是在凸堤方案基础上演变而来的，其目的是利用凸堤的导沙作用，降低取水口附近推移质泥沙的淤积，保证泵站的取水安全，同时降低其结构体，减小工程建设对河势的影响。

导沙坎设置考虑工程河段常年水位、导沙效果、对河势影响等因素，其中，工程河段多年平均水位为 3.36m，2 年一遇洪水位为 18.62m，河段水位变幅较大，为达到一定的导沙效果，同时不影响河道行洪及航运，试验取导沙坎顶高程为 4.0m、长度 60～80m、与水流夹角 45°和 30°、同时选取 2 个位置进行对比，图 4.5.8～图 4.5.10 为各方案取水口附近推移质泥沙淤积形态。

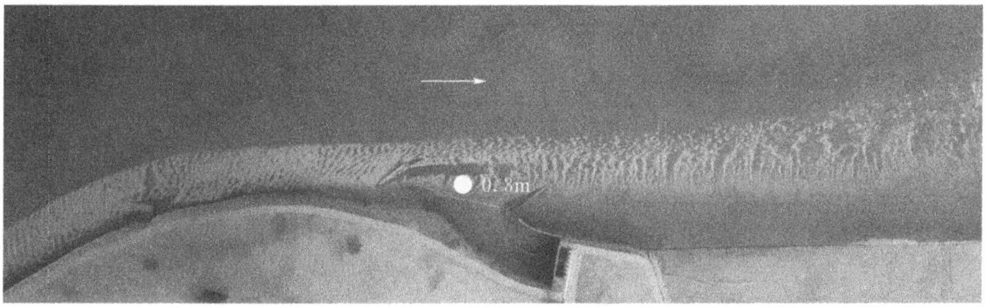

图 4.5.8 导沙坎方案一取水口推移质泥沙淤积形态

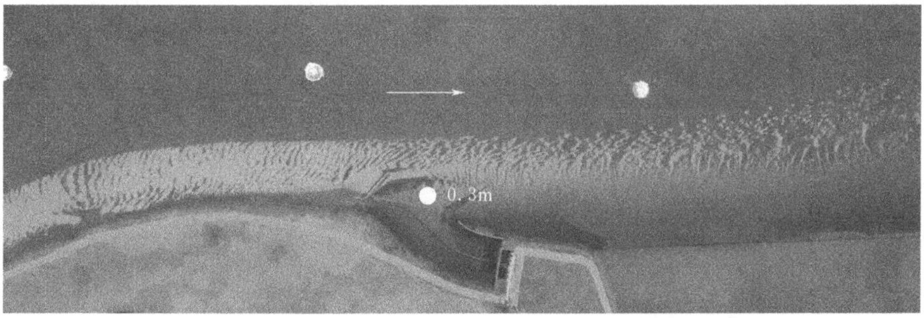

图 4.5.9 导沙坎方案二取水口推移质泥沙淤积形态

由图可见，导沙坎可在一定程度上降低沿岸输移的推移质泥沙在取水口前端落淤，但由于导沙坎顶高程设置相对较低、河道水位较高，右岸部分沿岸输移的推移质泥沙仍然能够进入到取水口前端及引水渠内，同时导沙坎引起的局部泥沙扬动也会在取水口前端落淤，试验测得 2 年一遇洪水，原型 5d 引水渠前部最大推移质泥沙淤积厚度在 0.3～0.4m，导沙坎方案也基本能够达到减淤的效果，同时降低了对河道行洪的影响。

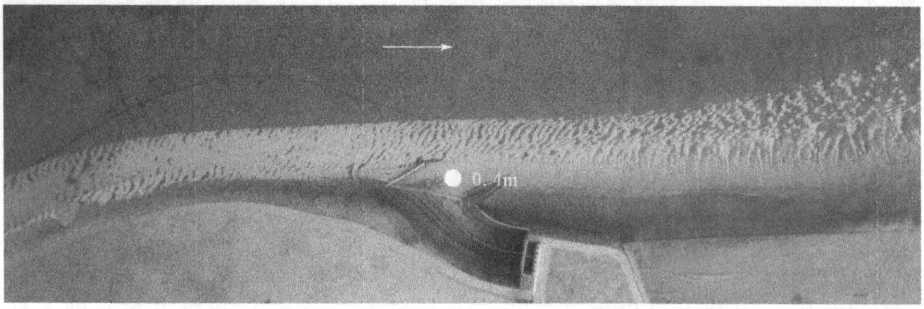

图 4.5.10　导沙坎方案三取水口推移质泥沙淤积形态

三、推荐方案

对于三个对比方案来讲，布置于取水口前端、与河道水流呈 30°夹角、顶高程 4.0m、长 80m 的导沙坎方案三相对来说对河势改变最小，建议将其作为可研阶段的导沙减淤推荐方案。后续可利用取水口单体模型对取水防沙措施开展进一步优化。

第六节　工程前后流态流速分布

一、试验工况

根据试验任务及设计需求，模型主要开展了最低运行水位（−0.22m）至 20 年一遇洪水位等 9 组水文条件试验，试验工况见表 4.6.1。

表 4.6.1　　物理模型试验工况表

序号	流量/(m^3/s)	项　目	河道水位/m	备　注
1	1920	最低运行水位	−0.22	泵站按设计流量运行
2	1920	设计运行水位	0.78	泵站按设计流量运行
3	5900	河道平均水位	3.36	泵站按设计流量运行
4	11020	—	9.00	泵站按设计流量运行
5	21870	—	15.00	泵站按设计流量运行
6	31300	2 年一遇	18.62	泵站按设计流量运行
7	37900	5 年一遇	20.78	泵站按设计流量运行
8	45000	10 年一遇	22.66	泵站按设计流量运行
9	49700	20 年一遇	23.80	泵站按设计流量运行

二、工程前流态流速分布

（一）水流流态

各试验工况工程水域现状水流流态见图 4.6.1～图 4.6.10。

研究河段具有明显的小水走弯、大水走直的弯道水流特点，主流位于河道左岸侧，右岸侧为弱流区，且水流与凸岸切点位置随泄流量增大逐渐下移，取水工程位于弯道凸岸侧的末端、下游直线段的起始处，各试验工况取水口及下游所在岸坡附近为弱流区，局部表征为逆时针回流区，回流区位置、范围、强度呈动态变化，初步统计回流范围宽约 80～

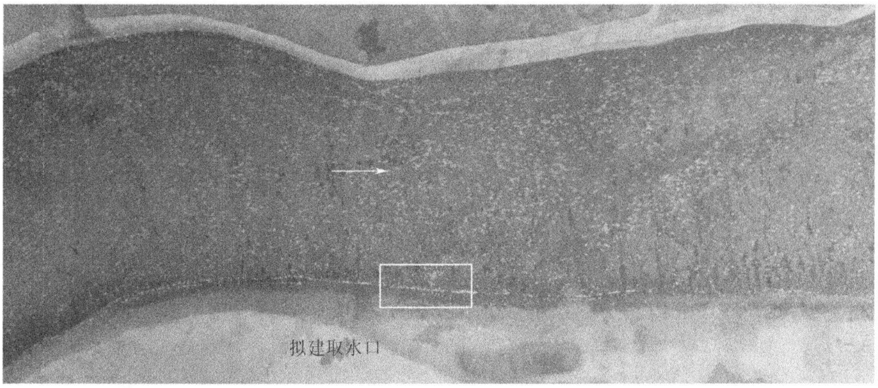

图 4.6.1　工程河段水流流态（Q=1920m^3/s、H=−0.22m）

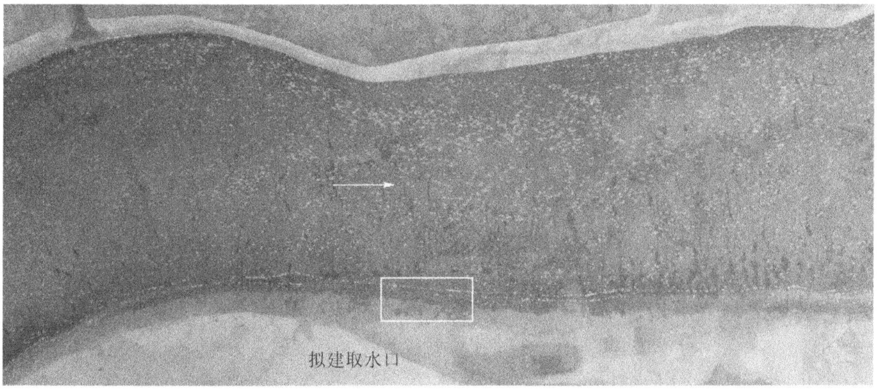

图 4.6.2　工程河段水流流态（Q=1920m^3/s、H=0.78m）

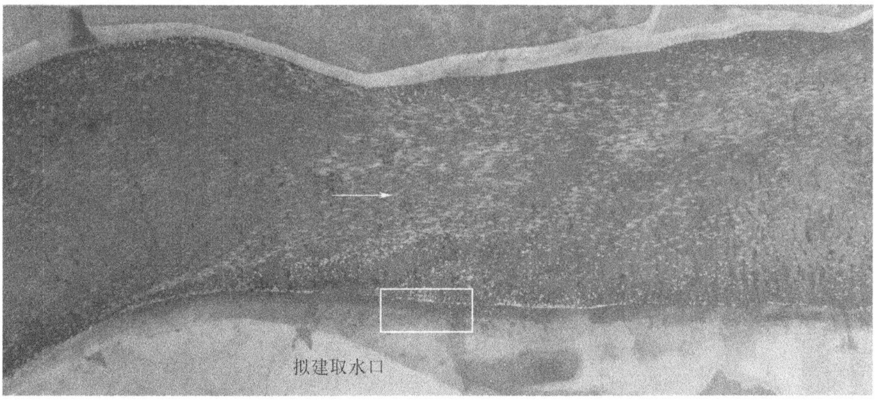

图 4.6.3　工程河段水流流态（Q=5900m^3/s、H=3.36m）

150m、长度 300～650m。

三、流速分布

从各试验工况的河道流场分布看，上游来流在弯道水流作用下，主流由右岸侧逐渐过

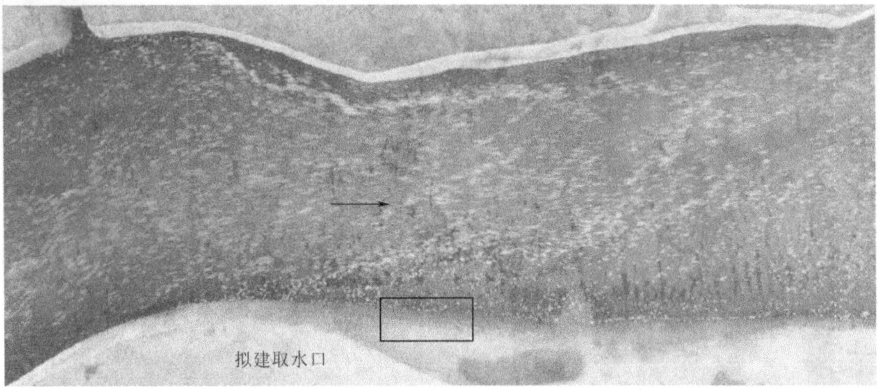

图 4.6.4　工程河段水流流态（Q=11020m^3/s、H=9.0m）

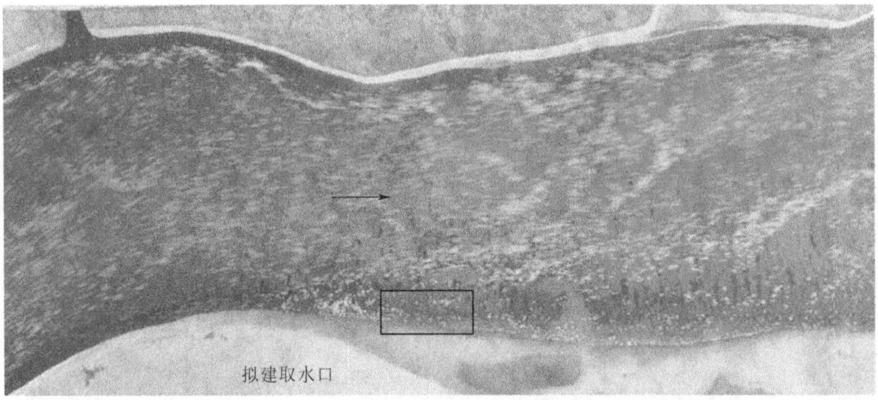

图 4.6.5　工程河段水流流态（Q=21870m^3/s、H=15.0m）

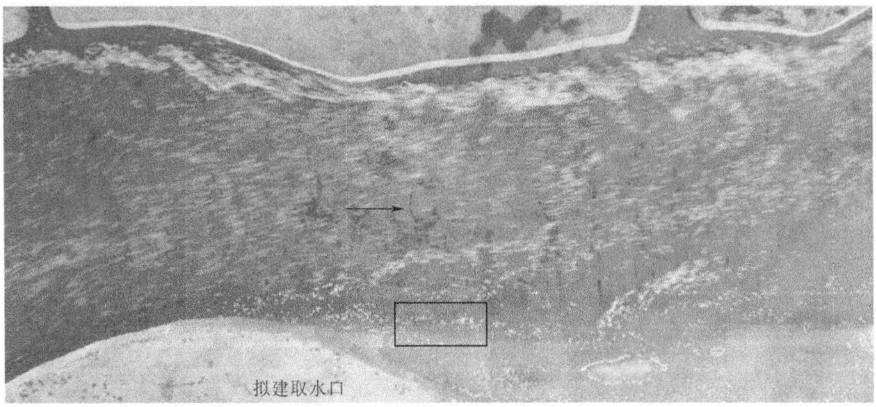

图 4.6.6　工程河段水流流态（$Q_{50\%}$=31300m^3/s、H=18.62m）

渡至左岸侧，工程段河道最大流速位于左岸外挑岸坡附近，主流流速在 0.35～2.30m/s，右岸岸边为弱流区，流速在 0.03～0.24m/s。

1. 最小水位工况下流速分布

允许工程取水的河道最小流量下，即流量 Q 为 1920m^3/s，对应水深 H 为−0.22m，

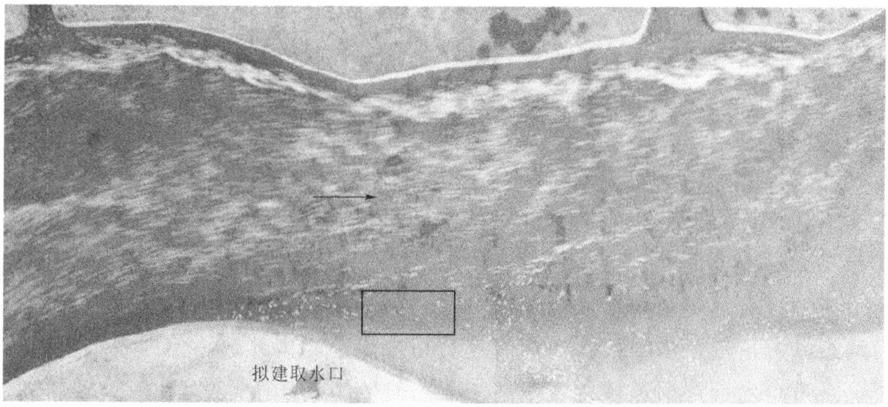

图 4.6.7 工程河段水流流态（$Q_{20\%}=37900m^3/s$、$H=20.78m$）

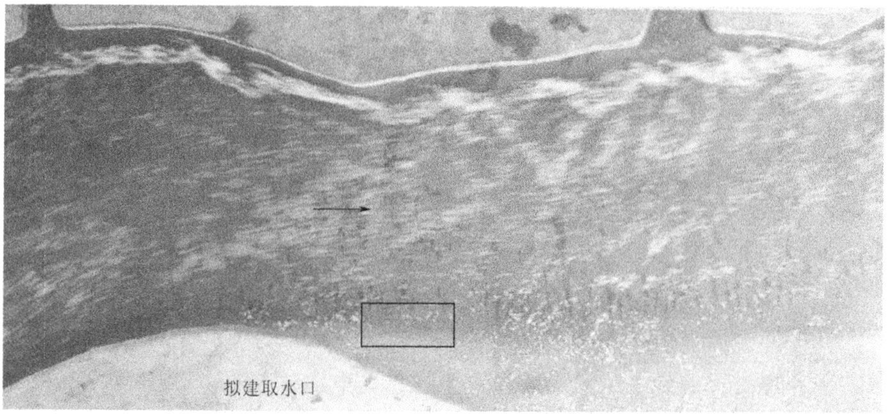

图 4.6.8 工程河段水流流态（$Q_{10\%}=45000m^3/s$、$H=22.66m$）

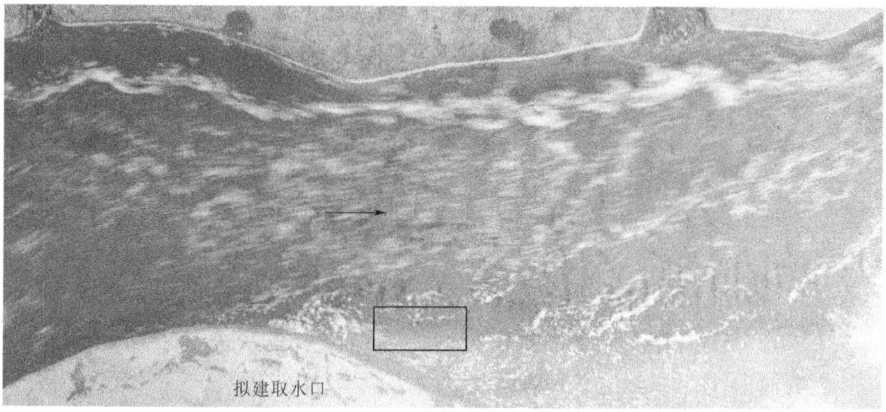

图 4.6.9 工程河段水流流态（$Q_{5\%}=49700m^3/s$、$H=23.80m$）

河道主流位于左侧深泓区，主流流速在 0.5m/s 以内，工程所在的右侧岸坡附近基本为静水区，回流流速较小。

2. 多年平均水位下流速分布

河道多年平均水位条件下，即流量 $Q=5900\text{m}^3/\text{s}$，对应水位 H 为 3.36m，上游弯道起始断面主流位于右岸侧，经弯道至工程断面主流逐渐过渡到左岸，工程所在右岸岸坡附近为弱流区，流速值较小，试验测得的河道主流流速在 0.90m/s 以内，由于工程所在断面为河道最窄处，且左岸岸坡内挑，左岸流速为 0.64m/s，主槽最大流速为 0.94m/s，右岸侧流速在 0.14m/s 以内。

3. 高水位工况下流速分布

随着河道来流量进一步增大，河道流速分布变化也基本趋势一致即工程上游主流位于河道右侧，至弯道末端逐渐过渡到左岸，主流与右侧岸坡切水点的位置随流量增加逐渐下移，工程所在右岸岸坡基本为弱流区，试验测得的 2 年一遇、10 年一遇、20 年一遇洪水条件下，工程断面主槽最大流速分别为 1.70m/s、2.28m/s 和 2.32m/s，工程所在右侧河道流速分别为 0.63m/s、0.77m/s 和 0.80m/s，岸坡附近流速在 0.24m/s 以内。

四、工程后流态流速分布

1. 水流流态

各试验工况工程运行期水流流态见图 4.6.10～图 4.6.18。

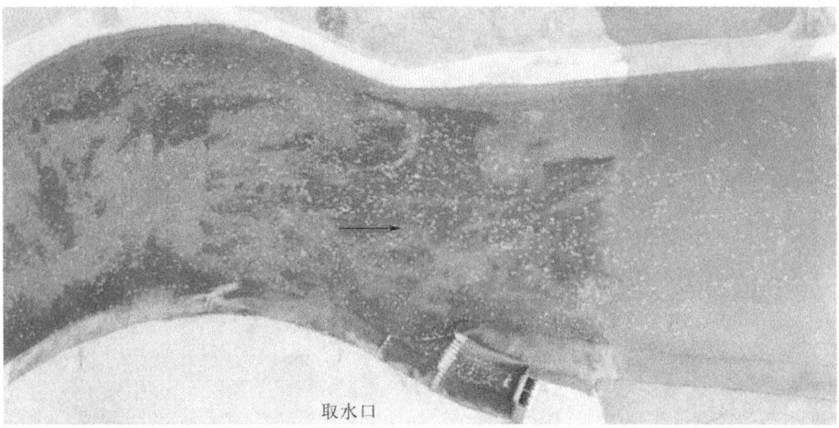

图 4.6.10　工程河段水流流态（$Q=1920\text{m}^3/\text{s}$、$H=-0.22\text{m}$）

工程取水时的河道最小来流量为 $1920\text{m}^3/\text{s}$，工程最大取水量为 $110\text{m}^3/\text{s}$，取水量所占河道流量最大比例为 5.7%，取水影响范围为取水口前端水域，对河道整体河势影响较小。低水位取水时，进入到引水渠的水流主要来自于取水口下游右岸岸边的弱流区，拦沙坎前后水流无明显跌落，水流斜向、均匀进入到拦污闸内，引水渠内水流平缓，泵站前端无不利流态。随着水位抬升，取水口进口处回流区范围较现状进一步增大，但强度较弱，引水渠内水流更加平缓，不会出现影响泵站取水的不利流态。

2. 流速分布

在允许工程取水的河道最小流量条件下，河道主流位于左侧深泓区，流速在 0.5m/s

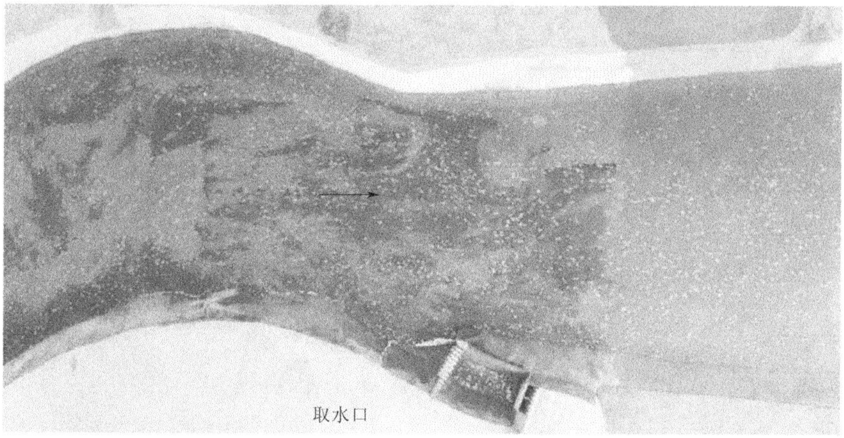

图 4.6.11 工程河段水流流态（Q=1920m^3/s、H=0.78m）

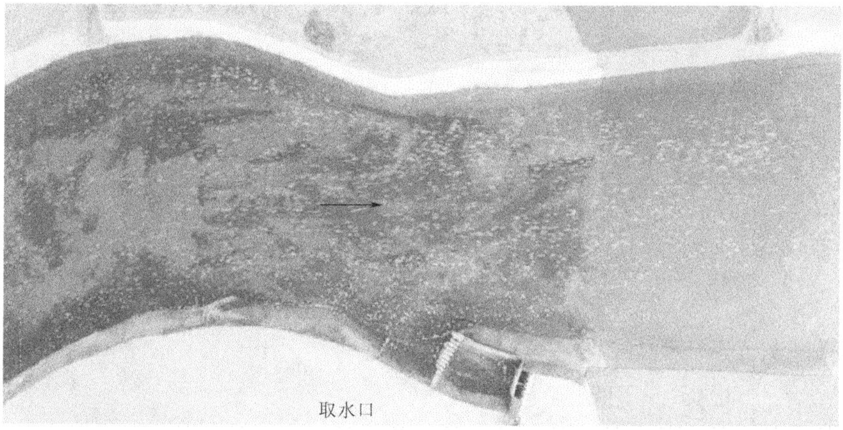

图 4.6.12 工程河段水流流态（Q=5900m^3/s、H=3.36m）

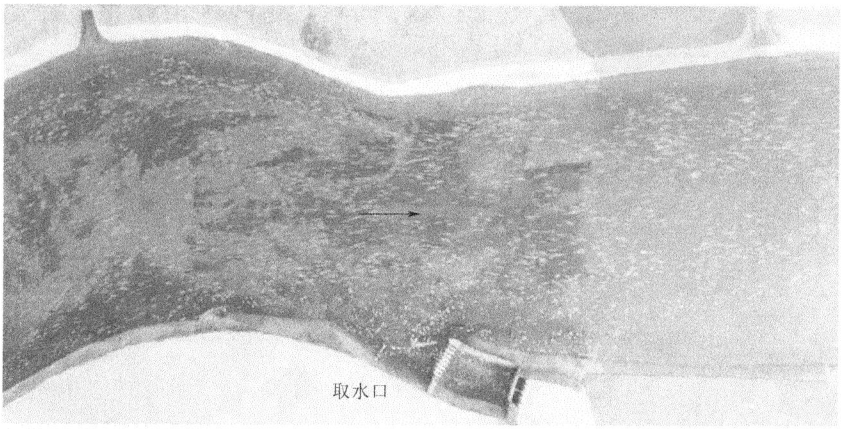

图 4.6.13 工程河段水流流态（Q=11020m^3/s、H=9.0m）

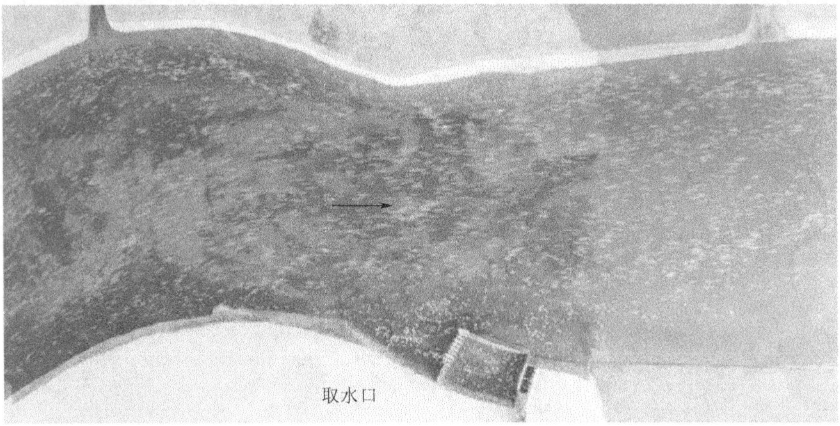

图 4.6.14　工程河段水流流态（$Q=21870m^3/s$、$H=15.0m$）

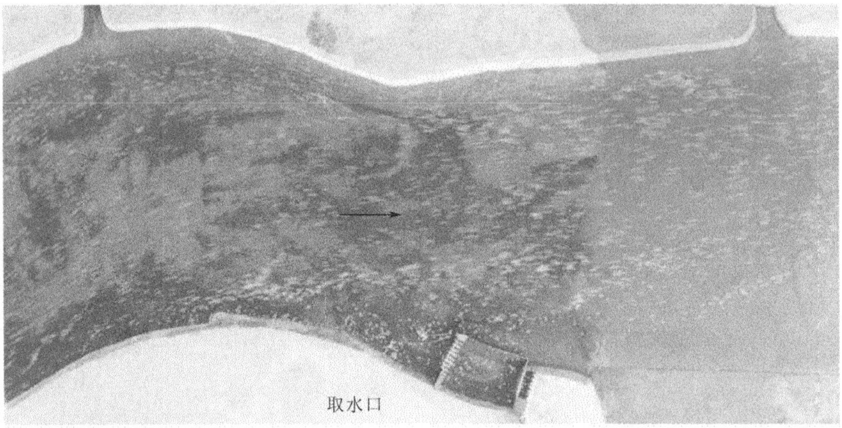

图 4.6.15　工程河段水流流态（$Q_{50\%}=31300m^3/s$、$H=18.62m$）

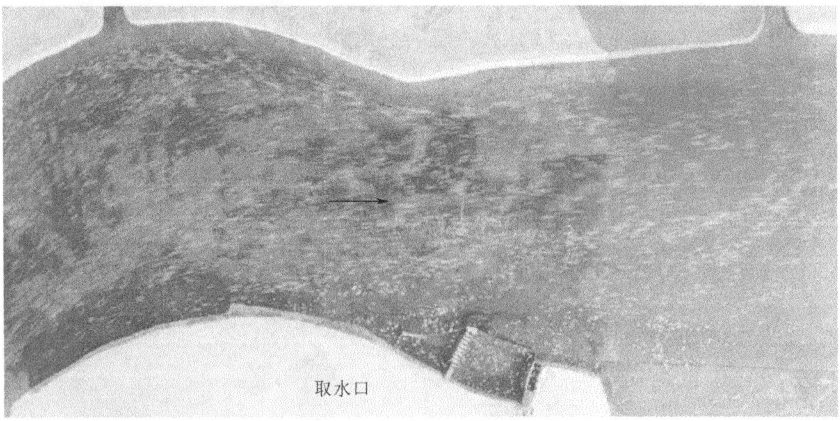

图 4.6.16　工程河段水流流态（$Q_{20\%}=37900m^3/s$、$H=20.78m$）

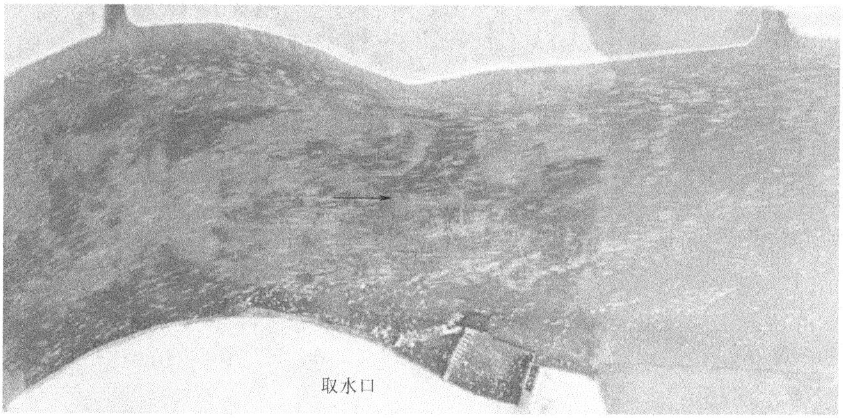

图 4.6.17 工程河段水流流态（$Q_{10\%}=45000m^3/s$、$H=22.66m$）

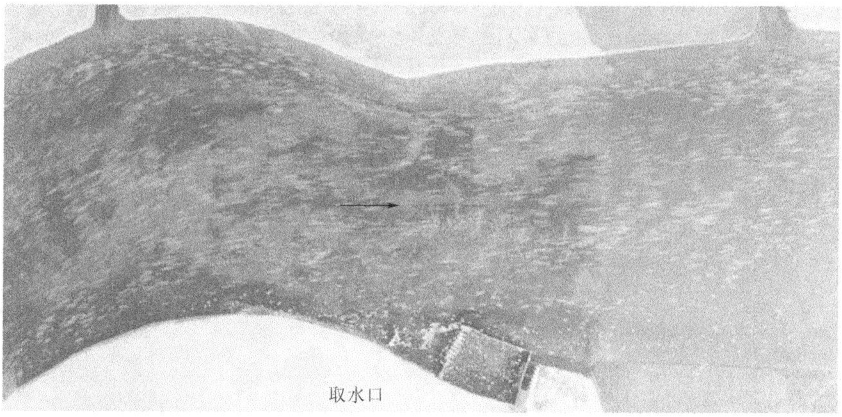

图 4.6.18 工程河段水流流态（$Q_{5\%}=49700m^3/s$、$H=23.80m$）

以内，取水口及引水渠主流流速在 0.45m/s 以内。

在河道平均水位（3.36m）条件下，工程河道流速分布与现状基本一致，试验测得的河道沿程主流流速基本在 0.90m/s 以内，右侧岸坡附近为弱流区，流速在 0.3m/s 以内，取水口前端及引水渠内流速在 0.3m/s 以内。

随着河道泄流量进一步增加，泵站取水量所占比例越来越小，取水口附近流量逐渐降至 0.2m/s 以内，试验测得的 2 年一遇洪水，工程断面主槽最大流速为 1.70m/s，右侧河道流速为 0.64m/s，取水口前端及引水渠内流速在 0.08m/s 以内，拦沙坎附近流速在 0.15m/s 以内。

五、工程前后流速变化

本工程取水量所占河道过流量比重较小（泵站最大取水量为 $110m^3/s$，允许泵站取水的河道最小流量为 $1920m^3/s$，工程取水量占河道过流量的最大比重为 5.7%），工程前后流速变化主要集中于取水口附近水域，局部流速增加值在 0.40m/s 以内，主槽流速略有减小，减小值均在 0.05m/s 以内，综合来讲，工程取水对河势影响较小。

第七节 取水口泥沙淤积试验

一、水沙试验条件

工程河段河床（尤其是右岸侧）演变以推移质造床为主，考虑工程河段的推移质泥沙输沙量和输沙率实测资料较少，本次试验实测的工程所在河道右侧河床质泥沙的级配，采用输沙平衡方法开展取水口及引水渠的推移质泥沙淤积试验即保证试验段内加沙断面始终有沙源补充。

由长洲枢纽蓄水以来梧州水文站年径流量和悬移质输沙量及其与平均值的比较情况（表 4.7.1），可以看出，长洲枢纽蓄水以来大多数年份为一般水沙年份。2007—2019 年 13 年中，大水大沙年出现 5 次，分别为 2008 年、2015—2017 年、2019 年，其中 2008 年沙量最大，水量略小于 2015 年和 2017 年；小水小沙年出现 1 次，为 2011 年；大多年份属于中水小沙年，出现 5 次；其余中水中沙年 2 次。

表 4.7.1 梧州水文站水沙年份特征统计表

年　份	径流量 /亿 m^3	W_i/W_{pj}	悬移质输沙量 /万 t	S_i/S_{pj}	水沙组合
2007（长洲枢纽蓄水）	1589	0.80	897	0.62	中水小沙
2008	2439	1.23	2840	1.95	大水大沙
2009	1605	0.81	1110	0.76	中水小沙
2010	1722	0.87	1290	0.88	中水中沙
2011	1289	0.65	420	0.29	小水小沙
2012	1847	0.93	898	0.62	中水小沙
2013	1819	0.92	1100	0.75	中水小沙
2014	2077	1.05	1560	1.07	中水中沙
2015	2541	1.28	2040	1.40	大水大沙
2016	2247	1.13	1890	1.30	大水大沙
2017	2467	1.25	2500	1.71	大水大沙
2018	1851	0.93	606	0.42	中水小沙
2019	2252	1.14	1800	1.23	大水大沙
2007—2019 平均	1980		1458		蓄水后均值

注　W_i 为每年的径流量；W_{pj} 为 2007—2019 多年平均径流量；S_i 为每年的输沙量；S_{pj} 为 2007—2019 多年平均输沙量。

水文年的选择主要考虑对取水口及引水渠水域的回淤具有代表性和不利性，通常采用大水大沙年和中水中沙年作为典型年，结合长洲枢纽蓄水运行以来实际发生的水沙条件，选择 2008 年水沙条件作为大水大沙典型年，2014 年水沙条件作为中水中沙典型年。

二、水沙条件概化

2014 年水流过程概化：根据 2014 年梧州水文站日均流量进行概化，试验对 4—11 月流量进行概化，平均约10d概化一级流量（图4.7.1）。

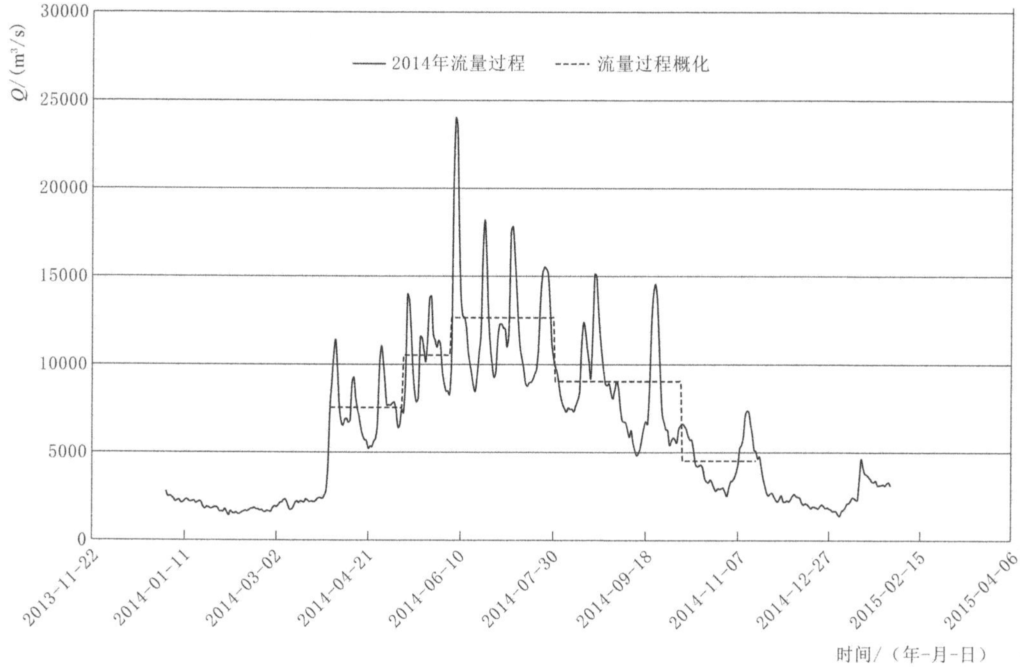

图4.7.1　2014年洪水概化曲线

2008年水流过程概化：根据2008年梧州水文站日均流量进行概化，考虑实际造床作用，试验仅对10000m^3/s流量以上部分进行概化，平均约10d概化一级流量（图4.7.2）。模型下游控制水位采用设计提供的工程断面水位流量关系的模型率定值。

三、取水口泥沙淤积成果

1. 中水中沙年取水口泥沙淤积成果

图4.7.3为中水中沙年取水口及引水渠附近推移质泥沙淤积形态。

泵站按照最大流量取水情况下，沿右岸岸边输移的推移质泥沙在取水口前端及引水渠前部落淤。试验测得中水中沙年取水口拦沙坎外侧50m范围内推移质落淤量约为17076m^3，平均淤积厚度0.95m，最大淤积厚度1.20m，最大淤积厚度位于拦沙坎外侧40m位置处；取水口拦沙坎与拦污闸之间落淤量约为5000m^3，平均淤积厚度0.32m，最大淤积厚度0.55m，最大淤积厚度位于拦污闸前端；拦污闸后引水渠前100m范围内推移质落淤量约为380m^3，平均淤积厚度0.05m，最大淤积厚度0.15m，最大淤积厚度位于拦污闸后侧。

2. 大水大沙年取水口泥沙淤积分析

图4.7.4为大水大沙年取水口及引水渠附近推移质泥沙淤积形态。

试验测得大水大沙年取水口拦沙坎外侧50m范围内推移质落淤量约27860m^3，平均淤积厚度1.55m，最大淤积厚度1.85m，最大淤积厚度位于拦沙坎外侧40m开挖区上游处；取水口拦沙坎与拦污闸之间落淤量约为11726m^3，平均淤积厚度0.75m，最大淤积厚度1.05m，最大淤积厚度位于拦污闸前端；拦污闸后引水渠前100m范围内推移质落淤量

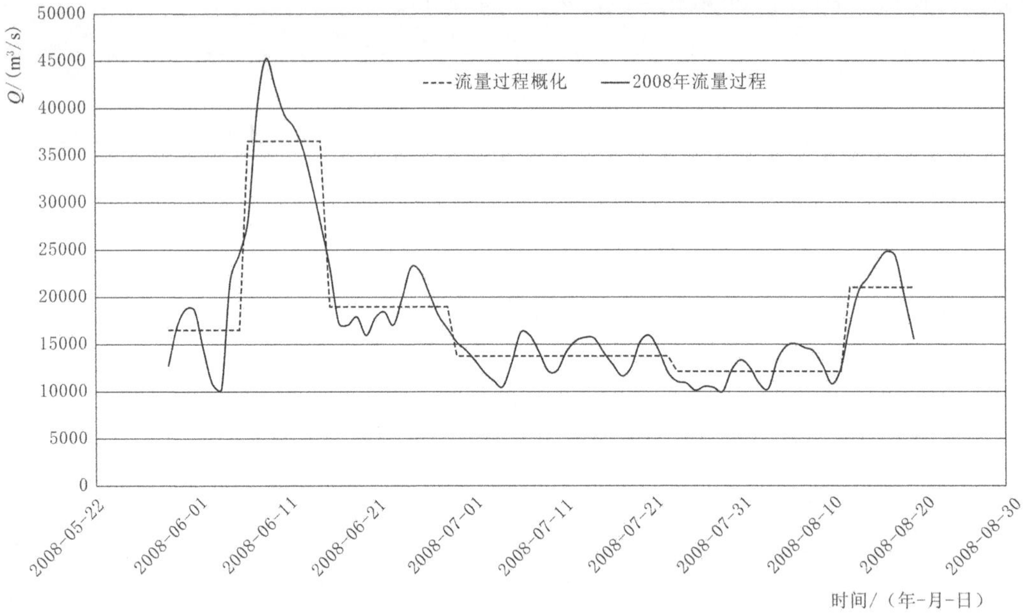

图 4.7.2　2008 年洪水概化曲线

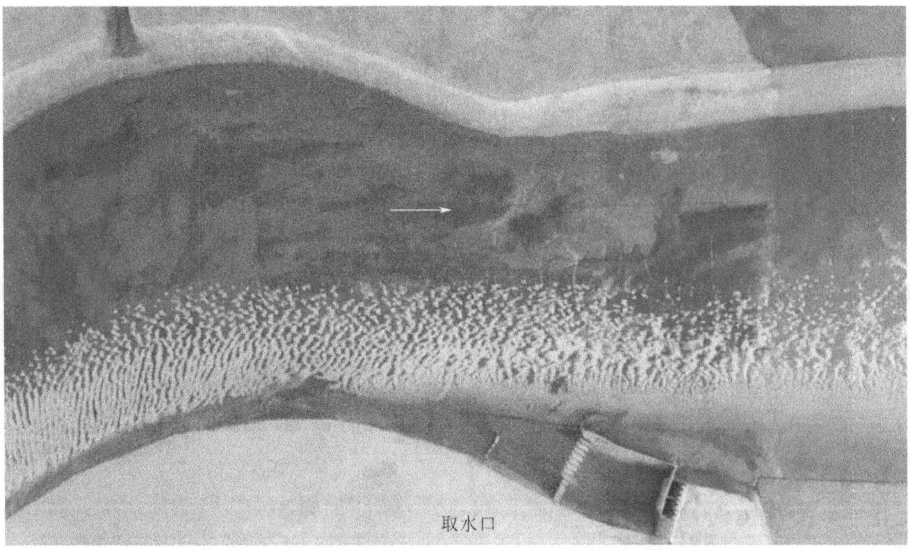

图 4.7.3　中水中沙年取水口及引水渠附近推移质泥沙淤积形态

约为 1900m^3，平均淤积厚度 0.25m，最大淤积厚度 0.35m，最大淤积厚度位于拦污闸后侧。

试验表明，在大水大沙年取水口前端及引水渠前部发生一次淤满的风险较低，建议汛末加强取水口前端及引水渠前部地形观测，必要时采取人工清淤，避免发生堆积影响下一淤积周期。

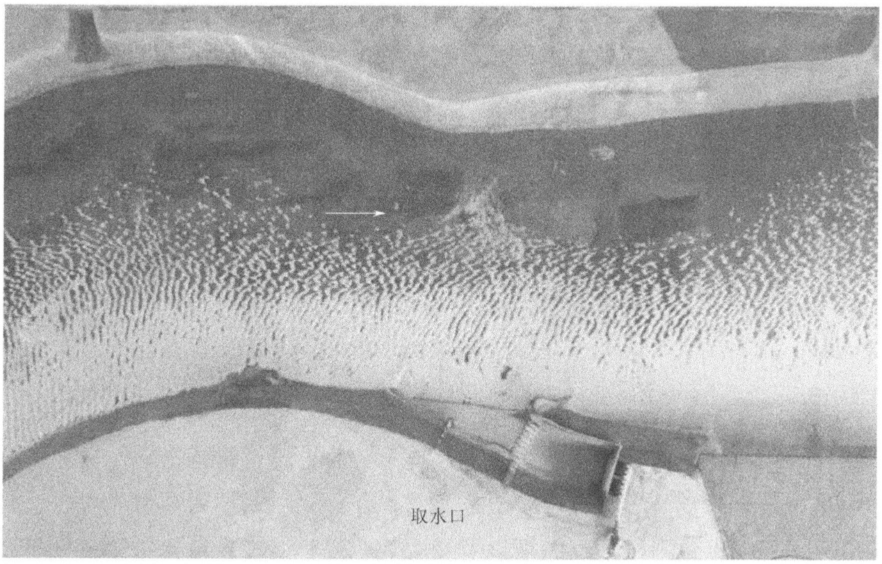

图 4.7.4 大水大沙年取水口及引水渠附近推移质泥沙淤积形态

综上来看分析，取水口拦沙坎外侧河床主要以推移质泥沙淤积为主，拦沙坎与拦污闸之间区域存在推移质和悬移质泥沙共同淤积的情况，引水渠内主要以悬移质泥沙淤积为主。

第八节 小　　结

（1）河道整体河工模型：模拟范围为取水口上游 9.0km、下游 5.0km 的河道，采用平面比尺 200，垂直比尺 100，变率 2。重点开展取水口位置比选试验研究，测试工程运行期取水江段的水位、流速、流态分布及变化，分析工程建设对区域航道通航影响，并对典型水文年取水江段及取水口、引水渠的推移质泥沙淤积进行预测。

（2）拟建取水口处于弯道凸岸下游的弱流区内，水动力弱；工程河段现状以推移质造床为主，根据推移质泥沙同岸输移原理，河道右岸侧为推移质泥沙主要输沙通道，进水口位于推移质泥沙落淤区。

（3）取水口位置对比。试验重点对地心取水口的上下游两个方案进行对比，从水流流态看，上游取水口优于下游取水口；从工程河道泥沙输移特点看，上下游取水口方案均位于右岸推移质输沙带上，存在推移质泥沙进入引水渠的风险，对于方案推移质泥沙淤积强度（厚度和范围），上游方案中淤积带宽度相对较窄、厚度大，总清淤量相对小，但存在一次满淤的风险；下游方案中推移质泥沙淤积带宽度大、厚度小，但总清淤量较大，一次满淤的风险较低。综合对比建议将下游进水口方案作为推荐方案，并开展相应的减淤措施，以确保工程取水安全。

第五章　环北部湾广东水资源配置工程取水口单体模型试验

第一节　模 型 试 验 概 况

在整体模型试验确定取水口位置的基础上开展取水口单体模型试验，通过取水口单体模型来精细模拟取水防沙效果及改善引水流态，优化取水口与引水渠等布置。

根据研究目的、工程河段河道特征以及相关规范规程要求，取水口单体模型模拟范围包括取水口 1.0km、下游 1.0km 的河道，根据整体模型的水流流线及泥沙输移线，选取 −5m 等高线作为外边线，模型布置见图 5.1.1 和图 5.1.2。

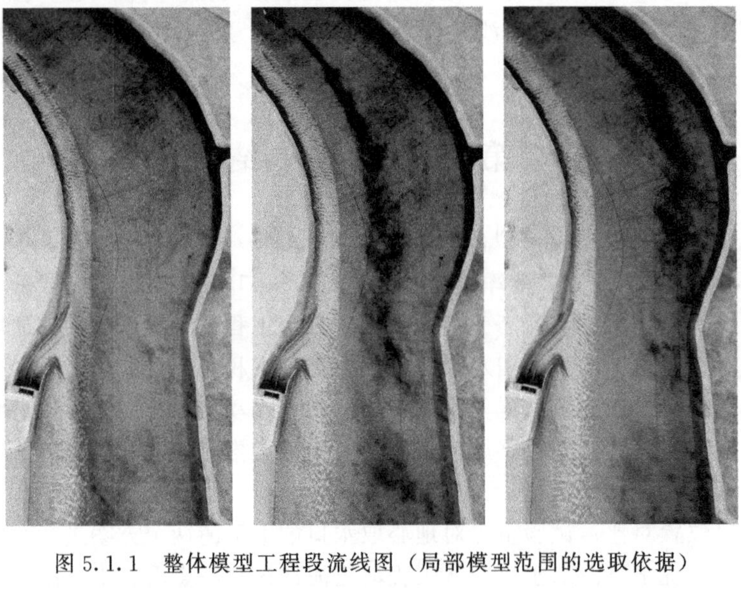

图 5.1.1　整体模型工程段流线图（局部模型范围的选取依据）

根据试验目的、供水能力，单体模型主要对 5 年一遇洪水以内典型流量开展方案优化研究，试验工况见表 5.1.1。

表 5.1.1　单体模型试验工况表

序号	流量/(m^3/s)	河道水位/m	取水流量/(m^3/s)	备注
1	1920	−0.22	110	最低运行水位
2	1920	0.78	110	设计运行水位

续表

序号	流量/(m^3/s)	河道水位/m	取水流量/(m^3/s)	备注
3	5900	3.36	110	河道平均水位
4	11020	9.00	110	
5	21870	15.00	110	
6	31300	18.62	110	2 年一遇
7	37900	20.78	110	5 年一遇

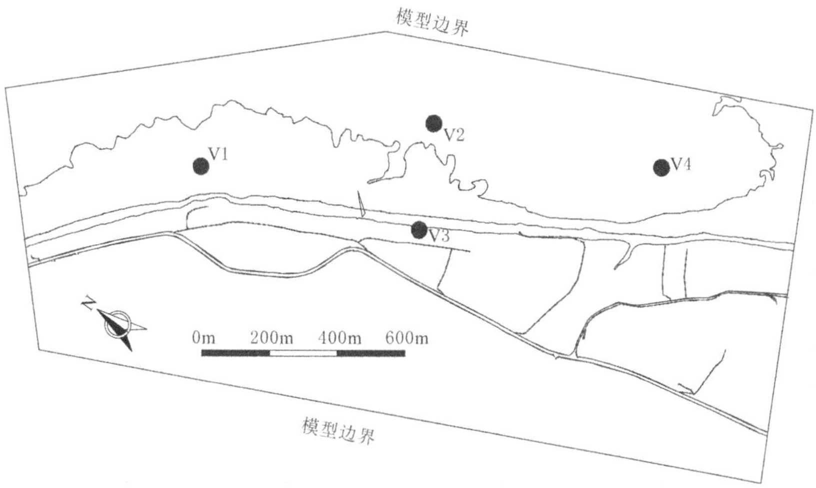

图 5.1.2 取水口单体模型平面布置及流速验证点图

第二节 模型制作与比尺参数的选取

一、模型比尺参数的选取

试验主要为优化取水口结构，因此，单体模型采用正态模型，根据试验目的和内容、模拟范围、试验测量精度、场地、供水等，选定模型平面比尺 λ_l 为 50。

二、模型沙选择

工程河段河道右侧水域河床底质主要以中沙、粗沙及极粗砂为主，同时伴有小卵石，底沙级配较为宽泛，底沙中值粒径在 $D_{50}=0.4\sim2.8$mm，本次取中值粒径 1.5mm 的粗砂进行模型选沙。

在天然河道水深为 6～26m 时，按照沙漠夫公式计算河床泥沙起动流速为 0.70～0.91m/s，见表 5.2.1，按照泥沙起动相似要求，模型沙的起动流速要在 0.10～0.12m/s。

试验选用中值粒径为 0.4mm、比重为 1.25t/m^3 的塑料沙作为模型沙。通过水槽起动试验测得该模型沙在水深 10～50cm 时（相当原型 5～25m）的起动流速为 0.08～0.10m/s，基本满足研究的起动相似要求。另外，单体模型主要开展方案对比试验，取水口附近的泥沙淤积只是不同方案的相对值，实际数值参见整体模型。

第三节 模型试验工况与验证

一、试验工况

根据试验目的、供水能力，单体模型主要对5年一遇洪水以内典型流量开展方案优化研究，试验工况见表5.3.1。

表5.3.1 单体模型试验工况表

序号	流量/(m^3/s)	河道水位/m	取水流量/(m^3/s)	备注
1	1920	−0.22	110	最低运行水位
2	1920	0.78	110	设计运行水位
3	5900	3.36	110	河道平均水位
4	11300	6.00	110	
5	19100	10.00	110	
6	31300	15.48	110	2年一遇
7	37900	18.07	110	5年一遇

二、模型验证

采用河道多年平均水位3.36m（对应流量5900m^3/s）、11020m^3/s及$Q_{50\%}=31300m^3/s$三个流量级对取水口单体模型的水流条件进行验证，边界条件由整体模型试验提供。流速验证点如图5.1.2所示。

各验证工况测点处的流速与流向见表5.3.2，模型流态见图5.3.1～图5.3.3。取水口单体模型各验证测点处的流速差值在±0.04m/s以内，流向在±5°以内，单体模型各测点处的流速流向基本与整体模型一致，满足水流运行相似要求。

表5.3.2 单体模型验证流速对比表

测点	流速/(m/s)			流向/(°)			流量/(m^3/s)
	整体模型	单体模型	差值	整体模型	单体模型	差值	
V1	0.66	0.70	0.04	136	135	−1	5900
V2	0.62	0.65	0.03	151	150	−1	
V3	0.04	0.05	0.01	157	155	−2	
V4	0.48	0.50	0.02	158	155	−3	
V1	0.88	0.90	0.02	137	140	3	11020
V2	0.87	0.90	0.03	148	150	2	
V3	0.12	0.10	−0.02	140	145	5	
V4	0.66	0.65	−0.01	148	145	−3	
V1	1.46	1.45	−0.01	136	135	−1	31300
V2	1.32	1.35	0.03	146	145	−1	
V3	0.58	0.62	0.04	145	145	0	
V4	0.94	0.95	0.01	144	145	1	

注：差值=单体模型−整体模型。

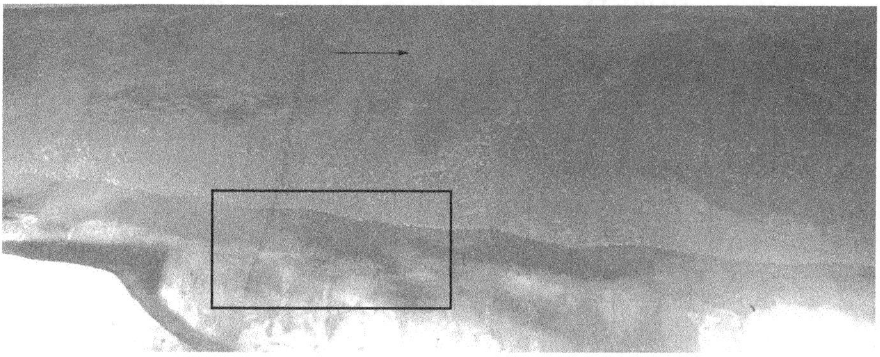

图 5.3.1 工程附近水流流态（Q=5900m^3/s）

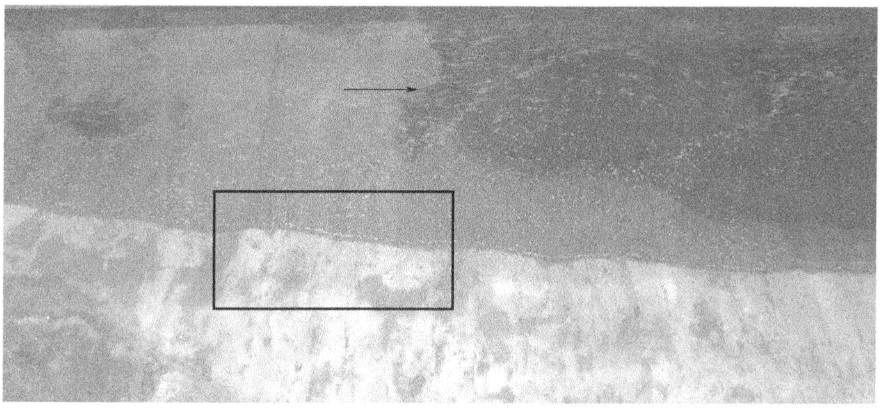

图 5.3.2 工程附近水流流态（Q=11020m^3/s）

图 5.3.3 工程附近水流流态（$Q_{50\%}$=31300m^3/s）

第四节 设计方案试验成果

一、方案介绍

取水口单体模型试验主要针对初步设计阶段的取水口方案布置进行验证与优化。相比可研阶段取水口布置进行如下调整：

(1) 泵站数量由 5 用 1 备变更为 5 用 2 备。

(2) 引水渠宽度由 65m 拓宽至 79.5m，泵站位置后移，引水渠长度增加。

(3) 取水口进口增设 5 孔净宽 10m 的拦污闸。

(4) 取水口上唇嘴采用导沙平台（顶高程 4.0m）替代可研阶段的导沙坎。

试验采用 2 年一遇洪峰流量，对设计方案取水口与引水渠附近的推移质泥沙淤积情况进行模拟，分析设计方案取水防沙效果，模拟时间为原型 15d，加沙断面偏向工程所在的右侧（下同）。

二、设计方案成果

设计方案取水口附近推移质泥沙淤积形态如图 5.4.1 所示。

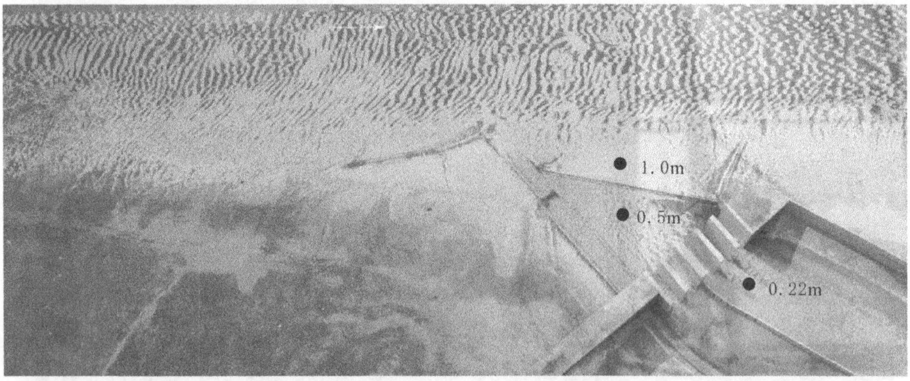

图 5.4.1 设计方案取水口及引水渠推移质泥沙淤积形态（$Q_{50\%}=31300m^3/s$）

由取水口附近推移质泥沙淤积形态可见，取水口上游侧导沙平台（顶高程 4.0m）能够将部分右岸岸边输移的推移质泥沙导离岸边，形成导沙平台外侧的推移质泥沙输移带和内侧的推移质细颗粒泥沙的落淤区，导沙平台能够起到一定的导沙作用，但受导沙平台上游缓坡（坡比 1∶2）及高度不足等影响，沿岸输移的推移质泥沙形成爬坡、扬起，并越过平台进入到取水口前端，在取水口拦沙坎附近形成明显的落淤，其中拦沙坎外侧平均淤积厚度为 0.78m、最大淤积厚度为 1.0m；拦沙坎与拦污闸之间区域平均淤积厚度为 0.25m、最大淤积厚度为 0.5m。取水口所在区域为凸岸下游的弱流区，该区域顺岸流、回流交替出现，取水口拦污闸外凸现状岸线，使岸边处于落淤状态的推移质泥沙再次扬动，并伴随着泵站取水进去到引水渠内，高位取水情况下，引水渠内推移质泥沙（小颗粒部分）主要落淤在拦污闸后左侧分区内的前部，右侧分区淤积量较小、范围较短，试验观测推移质泥沙较难到达引水渠中部。

综上所述，设计方案取水口附近推移质泥沙主要落淤在进口拦沙坎两侧区域，少部分在拦污闸左侧（面向泵站，下同）扰动下，少量进入到引水渠内，考虑拦沙坎前沿进水口宽度小，为降低因进水口前端推移质泥沙淤积引起的取水风险，避免推移质泥沙进入到引水渠内，建议优化取水口前端导沙方案。

三、设计方案初步优化

为充分利用取水口上游外凸岸坡的导沙作用，试验将设计方案中的导沙平台替换为连续潜坝（5个），其中，最上游潜坝布置于局部凸岸下游，最下游潜坝布置在拦污闸左侧，使取水口至上游外凸岸坡之间形成连续的导沙作用，同时增加局部水流紊动，避免推移质泥沙快速落淤。设计潜坝顶高程 4.0m，长度在 30～55m。潜坝导沙方案布置及取水口附近推移质泥沙淤积形态见图 5.4.2。

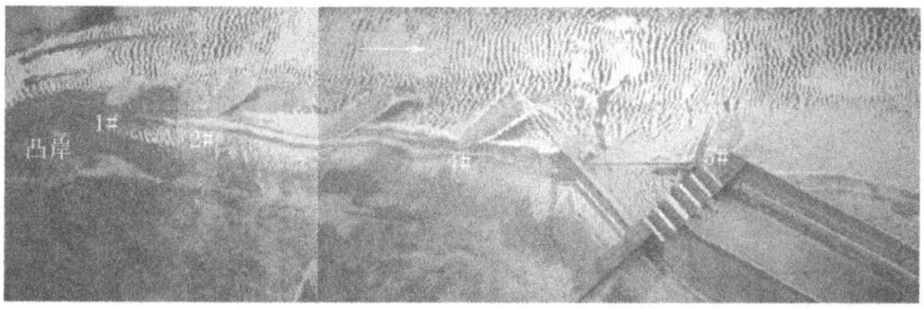

(a)

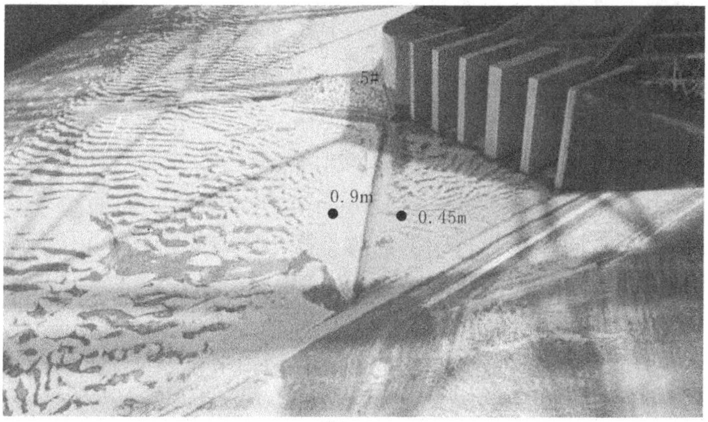

(b)

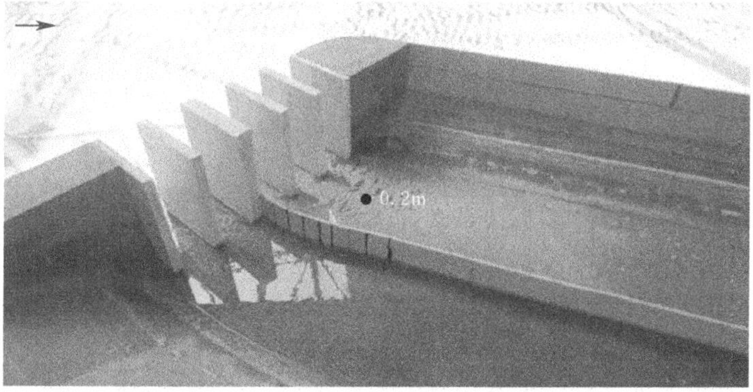

(c)

图 5.4.2 优化方案取水口及引水渠推移质泥沙淤积形态（$Q_{50\%}=31300m^3/s$）

由图可见，取水口上游右岸岸边潜坝群的设置，将大部分沿岸边输移的推移质泥沙导离岸边，同时增加了岸坡附近水流紊动强度，避免了大量悬浮于水流底层的泥沙迅速落淤，潜坝群方案取水进口拦沙坎两侧推移质泥沙平均淤积厚度较设计方案略有减小。但由于拦污闸左侧建筑物扰动使得引水渠内推移质淤积范围和厚度与设计方案相差不大。

综上来讲，潜坝群设置可在一定程度上将岸边输移的推移质泥沙导离岸边，降低悬浮于水流底层的泥沙迅速落淤，对取水口前端推移质淤积起到一定的减淤作用，但潜坝群布置仍有较大优化空间。同时试验发现，拦污闸左岸建筑物外凸现状岸坡较多，一方面，进水口处于推移质泥沙主要落淤区内，需要较大的导沙措施才可避免进口区域的推移质泥沙淤积；另一方面，洪水期拦污闸与河道水流相互作用，加大了局部水流紊动强度，部分泥沙随水流进入到引水渠内，增加了引水渠内的推移质中细颗粒泥沙淤积。因此，有必要将拦污闸位置后移，扩大进水口范围，在此基础上开展潜坝群导沙措施优化。

第五节 设计过程调整方案试验成果

一、方案介绍

在设计方案基础上对取水口平面布置进行调整。主要调整内容如下：

（1）泵站位置后移约 37.0m，增加取水口与引水渠段的总长。

（2）引水渠宽度由 79.5m 增加至 87.7m。

（3）进口拦沙坎与拦污闸位置后移（25～28m、55～78m），避开推移质高强度淤积带，同时降低工程对河道行洪影响及与水体的互扰。

（4）进口宽度由原来的 136m 增加至 159m（取水口拦沙坎断面）。

与原设计方案最大不同在于拦污闸的后移，减小了取水进口工程建筑物对河流水体的扰动，增加了进口拦沙坎与拦污闸之间的落淤范围。

试验仍采用 2 年一遇洪峰流量，对设计过程调整方案取水口与引水渠处的推移质泥沙淤积情况进行模拟，分析设计方案取水防沙效果，模拟时间为原型 15d，加沙断面偏向工程所在的右侧。

二、设计过程调整方案成果

设计方案验证试验表明取水口上游侧导沙平台可以起到一定的导沙作用，但导沙效果劣于潜坝方案，为验证无导沙措施情况下的取水口附近泥沙淤积情况，在设计过程调整方案试验初期将导沙平台去掉，调整方案无导沙措施的取水口附近推移质泥沙淤积形态如图 5.5.1 所示。

从取水口附近推移质泥沙淤积形态看，无任何导沙措施情况下，2 年一遇洪水（15d）取水口前端形成大面积的推移质落淤区，宽度至拦沙坎外侧约 75m 附近，平均落淤厚度约为 1.4m，且随着时间推移淤积厚度逐渐增加；拦污闸左侧闸墩内移及左岸直墙与拦漂墩间空缺的设置，使取水口附近的回流在拦漂墩处形成挑流，紊动强度增大，进口拦沙坎与拦污闸之间推移质泥沙落淤主要在中部及右侧区域，相比拦沙坎外侧，厚度有明显的减弱；拦漂墩挑流导致左侧 2 孔进水量减小，右侧 3 孔进水量增大，部分扬动的推移质泥沙通过右侧 3 孔进入到引水渠内，但与原设计方案相比，淤积厚度有所减少。

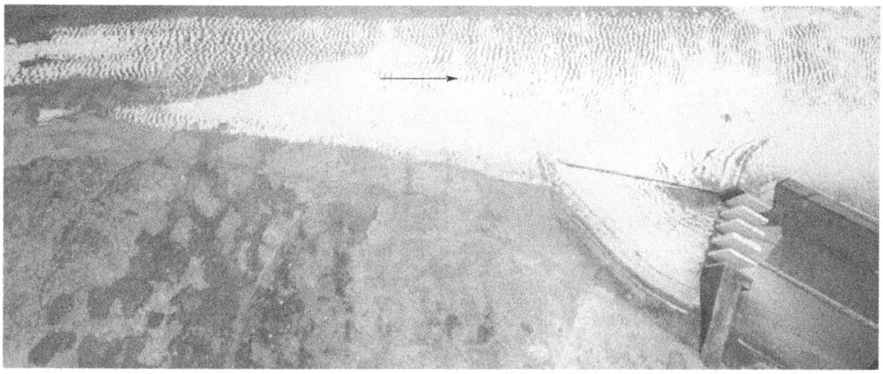

（a）

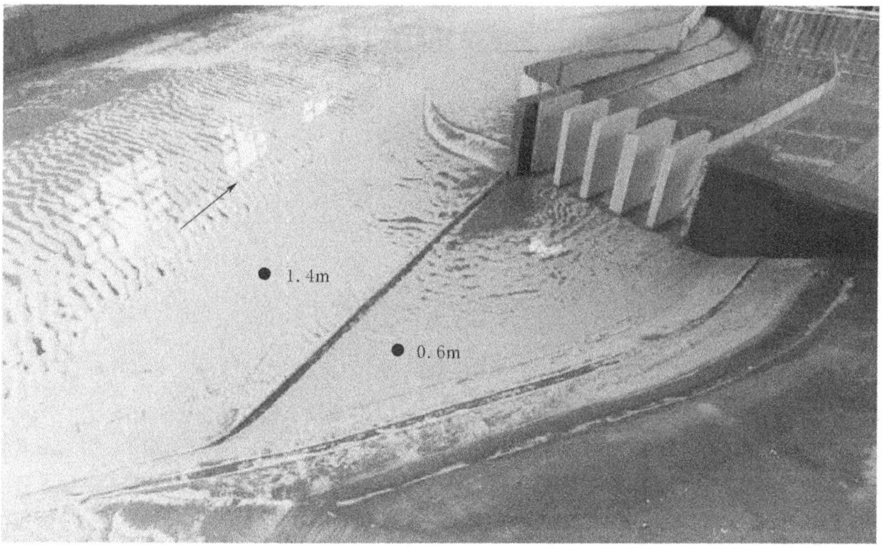

（b）

（c）

图 5.5.1　设计过程调整方案取水口及引水渠推移质泥沙淤积形态（$Q_{50\%}=31300\text{m}^3/\text{s}$）

从河道整体推移质输移形态来看，上游右岸外凸岸坡形成的局部紊动水流将局部推移质泥沙扬起，随着水流带向下游，大部分扬起的推移质泥沙随着主流进入到下游河道内，小部分随着紊动强度降低，沿程渐渐落淤，导致取水口前端推移质泥沙淤积强度增加。

三、导沙措施（潜坝）论证

通过在取水口上游右岸坡脚设置导沙措施，增加局部水流紊动，将处于落淤的推移质泥沙扰动，并随水流带向下游，减小取水口附近推移质泥沙的落淤。根据设计方案中潜坝方案的导沙效果，本次优化试验主要对潜坝方案的布置进行详细对比，以确定试验推荐方案布置。

1. 潜坝方案一

在取水口进口至上游凸岸间布设4个潜坝，取水口下游布设1个潜坝，潜坝顶高程为4.0m，上下游坡比为1∶1.5，前端坡比1∶2，顶宽5m，潜坝与水流夹角在45°～50°。取水口附近推移质泥沙淤积形态如图5.5.2所示。

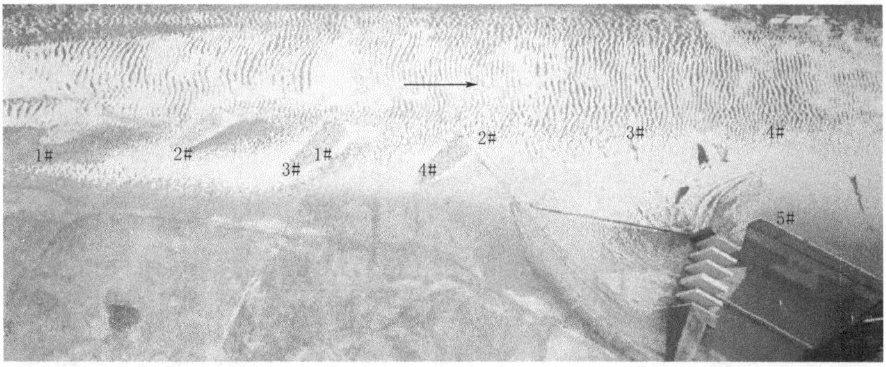

(a)

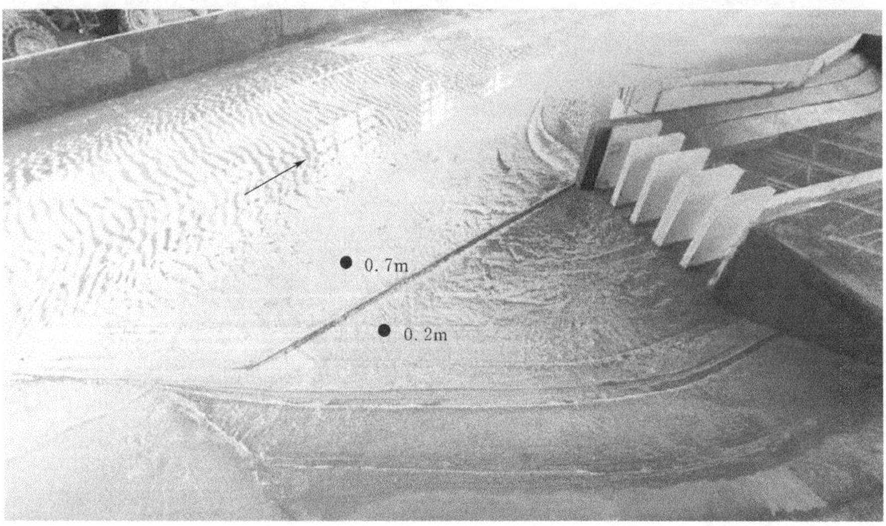

(b)

图5.5.2（一）　潜坝方案一取水口及引水渠推移质泥沙淤积形态（$Q_{50\%}=31300m^3/s$）

(c)

图 5.5.2（二） 潜坝方案一取水口及引水渠推移质泥沙淤积形态（$Q_{50\%}=31300m^3/s$）

潜坝方案一中充分结合上游右岸外凸岸坡，将取水口上游右岸侧输移的推移质泥沙扰动与挑动后，随水流输向下游，大大降低了取水口附近推移质泥沙的淤积强度，试验测得拦沙坎外侧平均淤积厚度约 0.70m，内侧平均淤积厚度约 0.2m。试验同时也发现，取水口上游潜坝的位置与水流的夹角较大，易引起 4.0m 以上高程淤积，需进一步优化潜坝的平面布置。

2. 潜坝方案二

试验减小 1 号和 2 号潜坝与水流的夹角至 20°～35°。取水口附近推移质泥沙淤积形态及水流流态如图 5.5.3、图 5.5.4 所示。

1 号潜坝对推移质泥沙的挑流作用减弱，但局部水流紊动将扬起的大部分推移质泥沙随洪水带向下游，小部分岸边淤积，岸边淤积强度增加。取水口附近的弱流水体远大于取水量，大部分则滞留拦污闸外，少部分进入到引水渠内，试验测得拦沙坎外侧平均淤积厚度约 0.85m，内侧平均淤积厚度约 0.25m。另外，下游潜坝导沙作用不大，可取消。

从进水流态看，河道高、低水位拦污闸前端均难形成稳定的正向入流，多数时间进入到拦污闸的水流为下游右侧岸边弱流在拦污闸前端的绕流，但引水渠内水流平稳，泵站前端无不利流态。

3. 潜坝方案三

试验将上游 1 号潜坝与水流夹角调整至 25°，2 号潜坝与水流夹角调整至 40°，同时取消取水口下游 5 号潜坝。取水口附近推移质泥沙淤积形态及水流流态如图 5.5.5、图 5.5.6 所示。

从取水口进水流态来看，取消取水口下游 5 号潜坝不会改变河道低水位条件下的入流条件，取消方案是可行的。

从取水口附近推移质泥沙淤积来看，上游 1 号和 2 号潜坝与水流夹角调整后，1 号与 2 号潜坝能够起到导沙作用，3 号和 4 号潜坝起到顺接作用，有效地减小了取水口进口拦沙坎两侧推移质泥沙的淤积，同时通过拦污闸闸孔进入到引水渠内的推移质泥沙量也较少，试验测得拦沙坎外侧平均淤积厚度约 0.60m，内侧平均淤积厚度约 0.2m。基本达到了取水减淤措施要求。

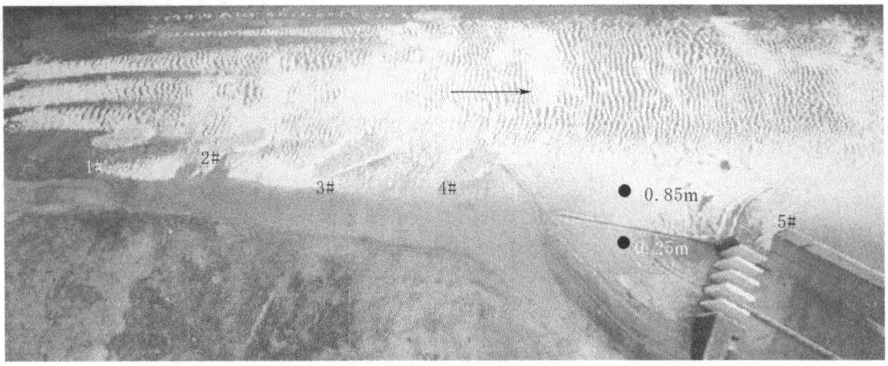

(a)

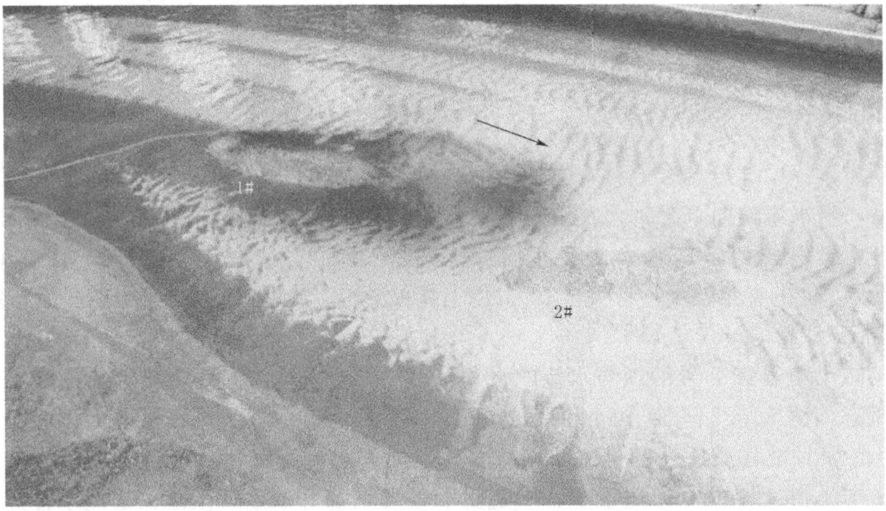

(b)

(c)

图 5.5.3　潜坝方案二取水口及引水渠推移质泥沙淤积形态（$Q_{50\%}=31300m^3/s$）

(a)

(b)

图 5.5.4 潜坝方案二取水口及引水渠水流流态（多年平均水位 3.36m）

4. 潜坝方案四

从减少工程阻水影响考虑，试验将 3 号和 4 号潜坝顶高程由 4.0m 降低至 2.5m。取水口附近推移质泥沙淤积形态如图 5.5.7、图 5.5.8 所示。

从取水口附近推移质泥沙淤积形态及淤积量来看，优化方案四的取水口进口拦沙坎两侧推移质泥沙淤积量略有增加，试验测得拦沙坎外侧平均淤积厚度约 0.70m，内侧平均淤积厚度约 0.2m，3 号和 4 号潜坝顶高程降低基本可行。

5. 小结

试验对比认为，潜坝方案四基本起到了导沙减淤措施的作用，考虑拦污闸外侧为明渠，且淤积量不大，运行期可根据取水口附近泥沙实际淤积强度进行清淤维护。

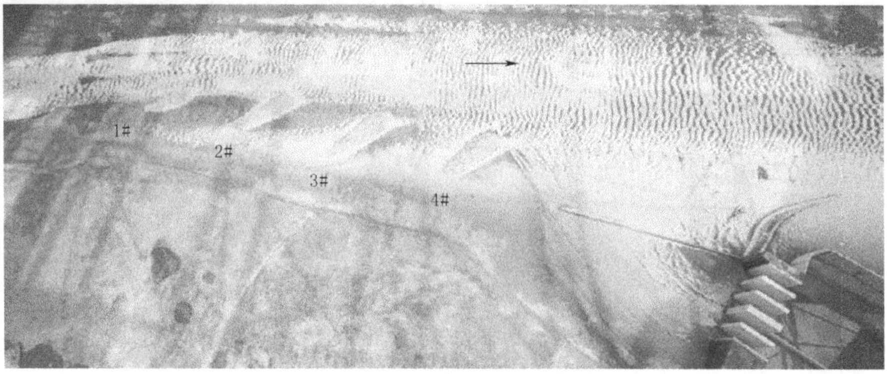

(a)

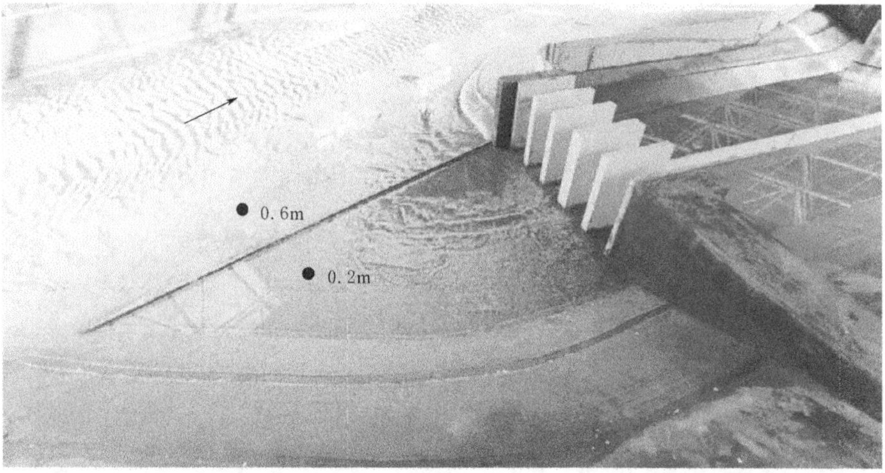

(b)

(c)

图 5.5.5 潜坝方案三取水口及引水渠推移质泥沙淤积形态（$Q_{50\%}=31300\mathrm{m}^3/\mathrm{s}$）

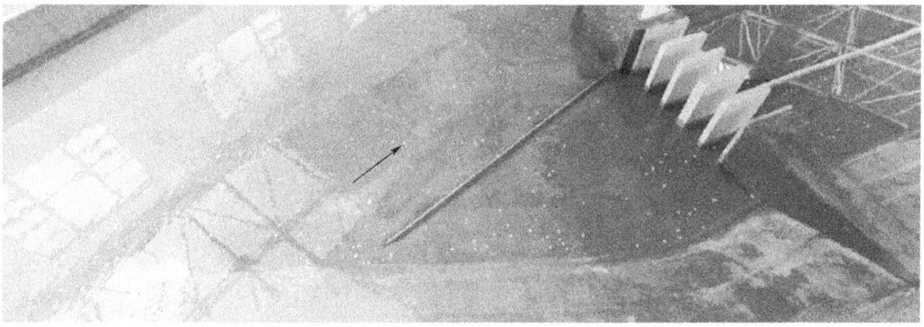

图 5.5.6　潜坝方案三取水口及引水渠水流流态（多年平均水位 3.36m）

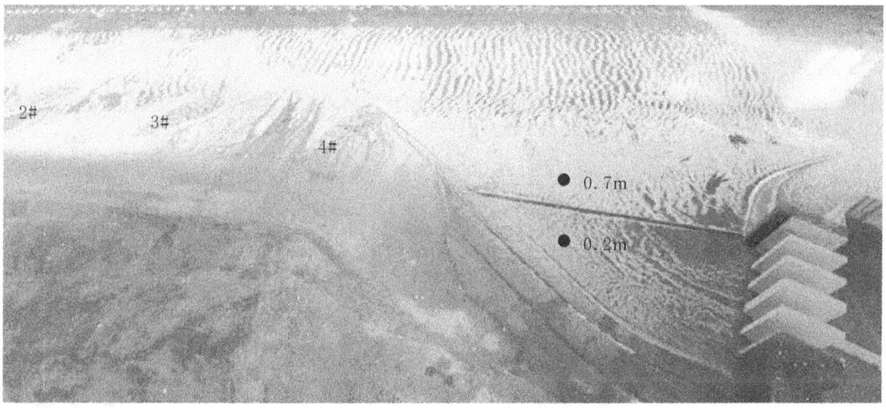

（a）

（b）

图 5.5.7（一）　潜坝方案四取水口及引水渠推移质泥沙淤积形态（$Q_{50\%}=31300\text{m}^3/\text{s}$）

(c)

图 5.5.7（二） 潜坝方案四取水口及引水渠推移质泥沙淤积形态（$Q_{50\%}=31300m^3/s$）

图 5.5.8 潜坝方案四取水口及引水渠水流流态（$Q_{50\%}=31300m^3/s$）

从河道不同水位，各优化方案河道水流进拦污闸流态来看，大多数时间进入到拦污闸的水流来自取水口下游右侧岸边弱流区，在拦污闸前折转后斜向进闸，较难形成稳定的正向入流；试验观测到引水渠内流速相对较小、水流较平稳，泵站前端级流道内无绕流、吸气漩涡等不利流态，斜向进拦污闸的水流不会影响泵站取水效率。试验将潜坝方案四作为设计过程调整方案的取水口取水防沙推荐布置。

第六节 初设阶段试验成果

一、方案介绍

随着初步设计深入、并参考各方意见，对泵站及取水口布置再次进行调整。主要调整措施如下：

(1) 泵站台数由5用2备调整至5用1备，轴线顺时针偏移5°，相应的引水渠底宽由87.7m调整至76.0m，取消引水渠中隔墙。

(2) 拦污闸后移约94m，孔数由5孔、每孔净宽10m调整为6孔、每孔净宽9.5m。

(3) 拦污闸上游右岸岸边底坡脚线由弧形调整为直线，增加上唇嘴开口。

(4) 进口拦沙坎向内偏移22m，长度由159m增加至304m（拦沙坎断面），取水开口宽度进一步增大。

(5) 拦污闸及左侧挡墙向岸边侧偏移14m，减少结构体与河道水体互扰。

试验仍采用2年一遇洪峰流量，对推移质泥沙淤积情况进行模拟，分析设计方案取水防沙效果，模拟时间为原型15d。

图5.6.1～图5.6.3为调整方案取水口与引水渠水流流态及推移质泥沙淤积形态。

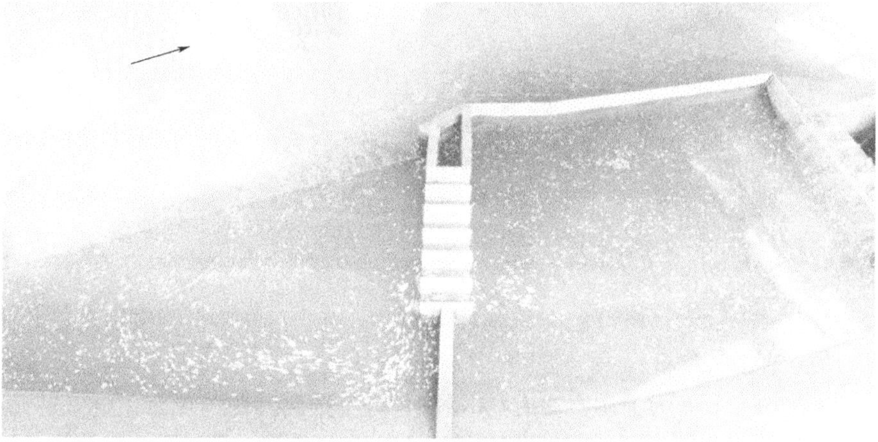

图5.6.1 初设阶段方案取水口及引水渠水流流态（$Q_{20\%}=31300m^3/s$）

高水位运行条件下，拦污闸前后流速在0.10～0.20m/s，引水渠至泵站流速约0.05m/s，水流移动缓慢，无明显不利流态。拦污闸内移后，与河道水流干扰减小，引水渠内推移质泥沙淤积量较少，拦沙坎内侧推移质泥沙平均淤积厚度约0.15m，拦沙坎外侧30.0m断面推移质泥沙平均淤积厚度约0.40m，外侧80.0m断面推移质泥沙淤积厚度约1.00m。在拦污闸内移及上游右岸潜坝群导沙方案共同作用下，取水口拦沙坎附近推移质泥沙淤积强度有所降低。

二、潜坝对流态影响论证

在设计过程调整方案中提出的潜坝导沙方案，其目的是减少取水口和引水渠内的推移质泥沙淤积，在设计方案初设征求意见过程中，专家结合拦污闸的进闸流态，认为潜坝距

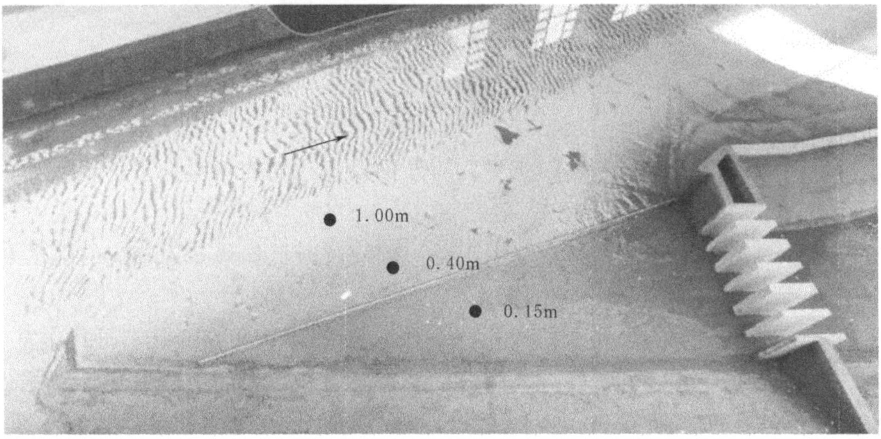

图 5.6.2 初设阶段方案取水口及引水渠推移质泥沙淤积形态（$Q_{50\%}=31300m^3/s$）

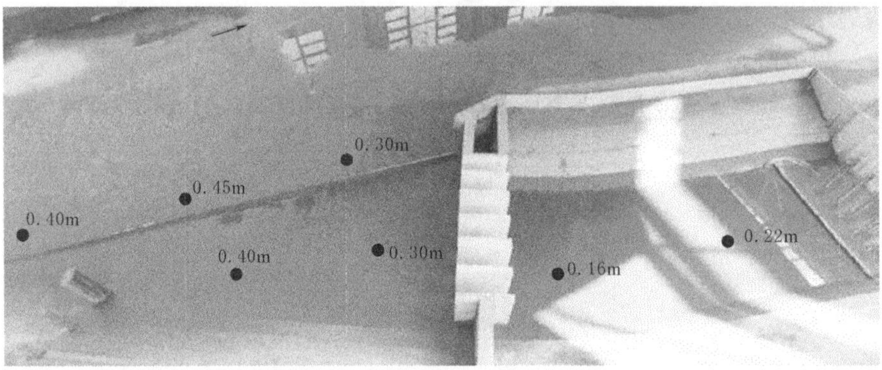

图 5.6.3 初设阶段方案取水口及引水渠悬移质泥沙淤积形态（$Q_{50\%}=31300m^3/s$）

离取水口较近，其形成的挑流可能会影响进闸流态，为此，开展上游潜坝设置对低水位进闸流态影响的论证研究。

图 5.6.4 和图 5.6.5 为上游右岸有/无潜坝群方案的拦污闸外侧水流流态对比。

低水位取水时，取水口上游右岸岸边布置潜坝群方案中，受泵站取水带动，拦污闸进闸水流为下游侧来流的斜向流，并以右侧 3 孔进水为主，左侧闸孔不进流，引水渠及泵站前端水流平缓，无明显不利流态；拦污闸外侧其余水体则沿右侧岸坡上溯，形成一个大范围、低强度的回流区。

不设置潜坝群时，取水口拦沙坎外侧形成顺时针、小尺度、低强度的回流区，进闸水体为下游侧来流，以右侧 4 孔进闸为主，进闸流态略有改善，左侧闸孔不进流，引水渠及泵站前端水流平缓，无明显不利流态。

取水口处于凸岸下游回流区内，潜坝不会改变岸边回流斜向进闸态势。

在潜坝取消基础上，对取水口上唇嘴附近地形进行疏浚，疏浚后上唇嘴附近流态见图 5.6.6。由照片可见，取水口上游进口河床疏浚打通了河道与引水口通道，但受整体流态影响，主流不贴边，无法达到引水入渠的目的。

图 5.6.4 取水口拦污闸外侧水流流态（潜坝方案，$H=3.36$m）

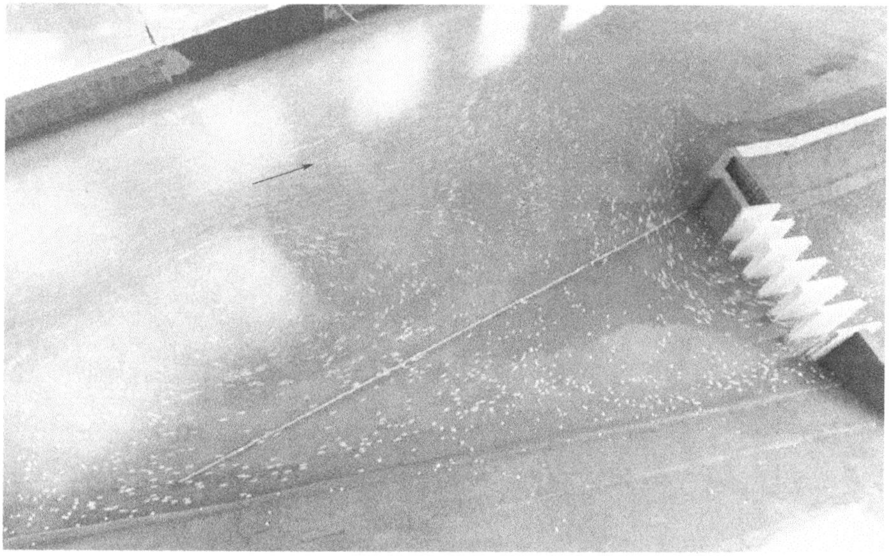

图 5.6.5 取水口拦污闸外侧水流流态（取消潜坝，$H=3.36$m）

三、翼墙方案论证

1. 翼墙方案

为改善低水位取水口前端至拦污闸进闸流态，试验尝试在左侧拦污闸前端增设翼墙，翼墙顶高程为 3.5m。同时为扩大高水位过闸面积，分别在原拦污闸两侧增加四孔宽度为 9.5m 拦污闸孔，底高程为 3.5m。

（1）短导墙方案：左侧翼墙结合拦漂墩，顺拦污闸闸孔方向布置，长约 50m。

（2）长导墙小开口方案：在短导墙布置基础上，延长导墙长度，分别对比了延长 40m、80m、110m 和 140m 四组方案。

（3）长导墙大开口方案：在拦污闸左侧 2～3 号孔闸墩上游向河道做大半径的长导墙，

图 5.6.6 上唇嘴开挖后水流流态（H=3.36m）

导墙长 110m。

（4）短导墙大开口方案：在拦污闸左侧边墩向河道做大半径短导墙，导墙长 65m。

2. 翼墙方案对比流态成果

各方案拦污闸附近水流流态如图 5.6.7～图 5.6.10 所示。

图 5.6.7 短导墙方案取水口及引水渠流态（H=3.36m）

（1）短导墙方案：在左侧翼墙及中隔墙作用下，进拦污闸水流以右侧 3 孔为主，取水口与引水渠内形成逆时针的循环水体，泵站前端无不利流态。

（2）长导墙小开口方案：左侧外伸的翼墙将下游岸边回水压制，同时将上游来流导入，在开口前端形成顺时针回旋水体，拦污闸正向进水，引水渠段水流平缓。但随着翼墙长度的缩短，下游岸边回水增加，开口前端变为逆时针回旋水体，进拦污闸水体以右侧为主，引水渠内虽有逆时针循环水体，但强度较弱，不影响泵站取水。

（3）长导墙大开口方案：左侧翼墙基本能压制下游岸边回水，同时导入上游来流，取水口内形成大范围的顺时针水体，拦污闸正向进水，过流均匀，引水渠内水流平缓。

图 5.6.8 长导墙小开口方案取水口及引水渠流态（H=3.36m）

（4）短导墙大开口方案：左侧翼墙基本能压制下游岸边回水，同时导入上游来流，取水口内形成大范围的顺时针水体，进拦污闸水流以左侧 4 孔为主，引水渠内水流平缓。试验同时对比了拦污闸上、下游隔墙的导流效果，从水流条件看，上游导墙的存在可以压制拦污闸进口横向水流，但同时也减少右侧 3 孔的进流，其存有的意义不大，建议取消；下游导墙设计的目的为减小引水渠回旋水体，从试验看，引水渠内的流态主要与进拦污闸水

图 5.6.9 长导墙大开口方案取水口及引水渠流态（H=3.36m）

图 5.6.10 短导墙大开口方案取水口及引水渠流态（H=3.36m）

流分配有关，在进口水流调顺的情况下，其存在的意义不大，另外，各取水条件下，引水渠内流速均在 0.4m/s 以内，属于底流速区，泵站取水良好，调整流态的意义也不大，因此，引水渠内不设置中隔墙。

综上所述，长导墙小开口拦污闸前端进水流态最优。

3. 翼墙推荐方案淤积成果

上游右岸潜坝群取消、长导墙小开口方案的 2 年一遇洪水取水口附近推移质泥沙淤积形态如图 5.6.11 所示。

在上游右岸潜坝群取消、左侧翼墙上延后（翼墙前端口门宽度约 180m），翼墙前部推移质泥沙淤积强度明显增加，试验测得的 2 年一遇洪水（15d）进口上游侧淤积厚度约 1.6m、下游侧淤积厚度约 1.4m，长导墙小开口方案进口段泥沙淤积引起的泵站取水安全风险显著增加。

4. 小结

综上所述，从取水口进闸流态来看，长导墙小开口方案在低水位情况下，能够很好地

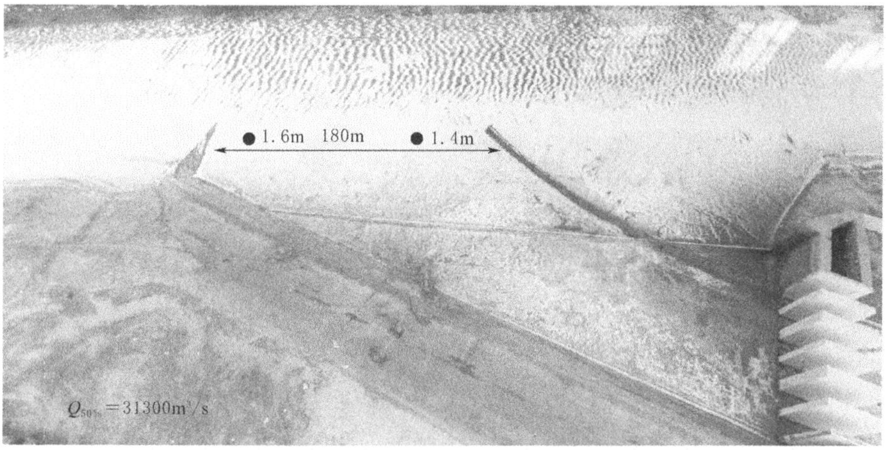

图 5.6.11　长导墙小开口方案取水口前端推移质泥沙淤积形态（$Q_{50\%}=31300m^3/s$）

引导河道水流进入到取水口内，取水口内水流较为平顺、引水渠内水流平缓；从推移质泥沙淤积范围和强度来看，长导墙小开口方案中导墙头部已伸入河道－2～－3m 等高线，处于推移质泥沙淤积区，墙高 7.0m，阻水导沙凸显，取水进口段泥沙淤积引起取水安全风险明显增加，因此，试验不建议采用长导墙小开口方案。

四、初设推荐方案

为改善低水位斜向进闸水流流态，试验结合拦漂设施布置，充分取水口拦漂排对低水位水流的调整作用，采用大开口取水方案，低水位取水口及引水渠水流流态如图 5.6.12 所示。

图 5.6.12　初设推荐方案取水口及引水渠流态（$H=3.36m$）

在拦漂排整流作用下，中间 6 孔拦污闸均形成正面进水的水流条件，引水渠内水流平缓，同时拦漂排的设置，也将移动至取水口前端的漂浮物导入到河道内，满足泵站引水要求。

综合考虑河道来水来沙条件、取水量、取水口流态及泥沙淤积等影响，建议将取水口大开口方案作为初设推荐方案。

第七节　技施阶段试验成果

一、下唇嘴大导流平台方案

1. 下唇嘴导流平台

试验在下唇嘴位置设置长 75m、宽 45m 的弧形导流平台，进闸流态如图 5.7.1 所示。增设下唇嘴导流平台后，进闸水流仍绕过平台，以右侧闸孔过流为主，左侧闸孔进水量相对较小。

图 5.7.1　下唇嘴平台进闸流态（H=3.36m）

2. 下唇嘴导流平台＋右侧 4 孔

为避免低流速绕流问题，试验通过减小过闸面积来增加过闸流速，提出下唇嘴导流平台＋右侧 4 孔布置型式，相应的进闸流态如图 5.7.2 所示。过闸宽度缩小后，进闸流态较顺直，但由于过闸断面布置于引水渠一侧，导致引水渠内形成边侧扩散流，水体较混乱。

3. 下唇嘴导流平台＋右侧 4 孔＋岸边潜坝

为调整水流来路，在下唇嘴导流平台下游的岸边侧增加一个长 25m、顶高程为 3.5m 的潜坝，相应的进闸流态如图 5.7.3 所示。潜坝设置后，可以阻断岸边上溯水流，进闸水体上移，但仍形不成上游来流直接进闸的流态。

4. 下唇嘴平台＋中间 3 孔

为改善闸孔过流宽度缩窄后的引水渠水流均匀性，提出下唇嘴导流平台＋中部 3 孔布置型式，相应的进闸流态如图 5.7.4 所示。过闸位置调整后，进闸水流流态顺直，但出闸水流更加集中，引水渠两侧水体依旧混乱。

5. 下唇嘴平台＋中间 4 孔

为改善引水渠水流均匀性影响，将过闸孔数调整为 4 孔，相应的进闸流态如图 5.7.5 所示。闸孔数量调整后，进闸流态顺直，引水渠绕流强度减弱。

图 5.7.2 下唇嘴平台+岸边 4 孔（单孔净宽 9.5m）

图 5.7.3 下唇嘴平台+岸边 4 孔（单孔净宽 9.5m）+潜坝

图 5.7.4 下唇嘴平台+中间 3 孔（单孔净宽 9.5m）

综上所述，下唇嘴导流平台+减小闸孔对引水渠流态影响较大。

二、下唇嘴小导流平台方案

从不同河道水位泵站取水时的取水口、引水渠以及泵站流态流态来看，引水渠内水流流速较缓（0.05～0.40m/s），即使形成正向或逆向的大环流，对泵站的正常取水影响也

图 5.7.5　下唇嘴平台（导墙）＋中间 4 孔（单孔净宽 9.5m）

较小，试验也未发现泵站流道内存在吸气漩涡等不利流态。而取水口（拦污闸前端）流态受泵站取水和右岸岸边缓流作用，形成进拦污闸不稳定的正向流或斜向流，且大多数情况下，水流较缓。

1. 敞开口方案进闸流态

在拦漂排、拦鱼卵浮箱、拦污闸、拦污栅等拦污结构布置情况下的低水位进拦污闸流态如图 5.7.6 和图 5.7.7 所示。

图 5.7.6　设置拦污装置后的取水口及引水渠流态（H＝0.78m）

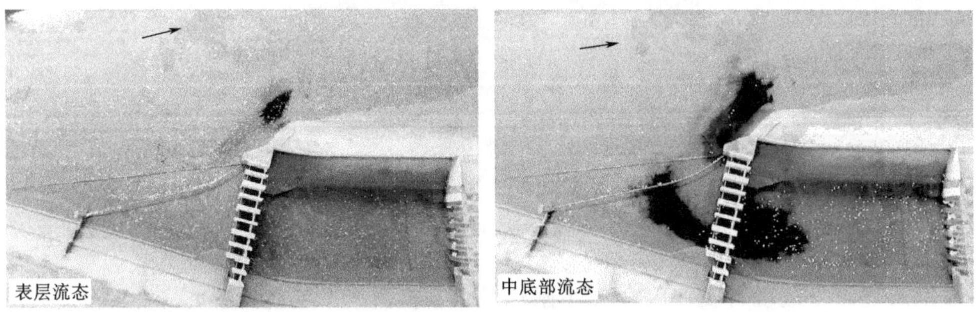

图 5.7.7　设置拦污装置后的取水口及引水渠流态（H＝3.36m）

（1）0.78m 河道水位取水条件。取水口下游右岸边顺时针回流斜向进拦污闸，过闸平均流速约 0.45m/s，水流与闸孔中心线夹角在 30°～75°，且自左向右逐渐减小；进拦污闸表层水流以右侧为主，左侧为辅；底层水流以左侧为主，右侧为辅；引水渠内断面流速介于 0.25～0.40m/s，水流整体平稳。

（2）3.36m 河道水位取水条件。河道表层漂浮物基本拦截在拦漂排外侧；在拦鱼卵浮箱作用下，浮箱底部水流过闸，拦污闸前后表层流速较弱；进拦污闸水流以右侧 5 个低孔为主，左侧低孔水流不进不出；引水渠内断面流速介于 0.10～0.30m/s，水流整体平稳。

（3）小结。综上可见，拦污闸与引水渠断面流速相对较小，水流平稳，针对拦污闸闸孔过流不均的问题，可对进水结构进行局部优化。

2. 下唇嘴小导流平台优化

针对低水位拦污闸各低孔进流不均问题，试验在初设下唇嘴小导流墙的基础上，进一步开展取水口下唇嘴平面布置优化研究，在实现水流均匀进拦污闸的基础上，尽量减少下唇嘴布置对河道行洪、取水口泥沙淤积的影响。

试验提出在拦漂墩外侧设置高程为 3.5m 的导流平台，来增加进拦污闸水流流路、调整进闸流线、减小进闸夹角，实现水流均匀进闸。试验开展三组导流方案的对比，方案区别在于弧线段的半径不同，多年平均水位（3.36m）下方案进闸流态如图 5.7.8～图 5.7.10 所示。

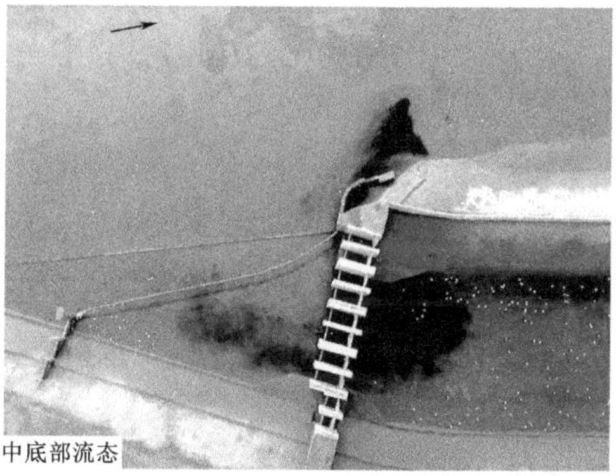

图 5.7.8 导流平台方案一的取水口及引水渠流态（H=3.36m）

图 5.7.9 导流平台方案二的取水口及引水渠流态（H=3.36m）

从三个方案的试验流态来看，方案一中取水口下游右岸岸边回流沿导流平台进入到拦污闸中部 6 个低孔，进水量左侧闸孔略大于右侧；方案二中部 6 个低孔进水量基本相当；方案三导流平台外凸较大时，形成局部挑流，来流绕过左侧 2 个低孔，通过右侧 4 个低孔进入到引水渠内，左侧 2 个低孔基本为不进不出的状态。从进拦污闸流态来看，方案二效果相对较优，基本实现了低水位拦污闸闸孔全部进流的目的。

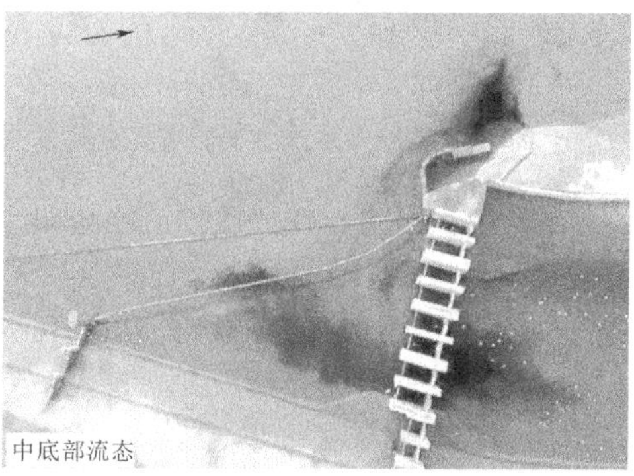

图 5.7.10 导流平台方案三的取水口及引水渠流态（H=3.36m）

图 5.7.11～图 5.7.13 为河道水位 0.78m、3.36m 和 6.0m 下的取水口下唇嘴导流平台优化方案二取水口及引水渠流态。

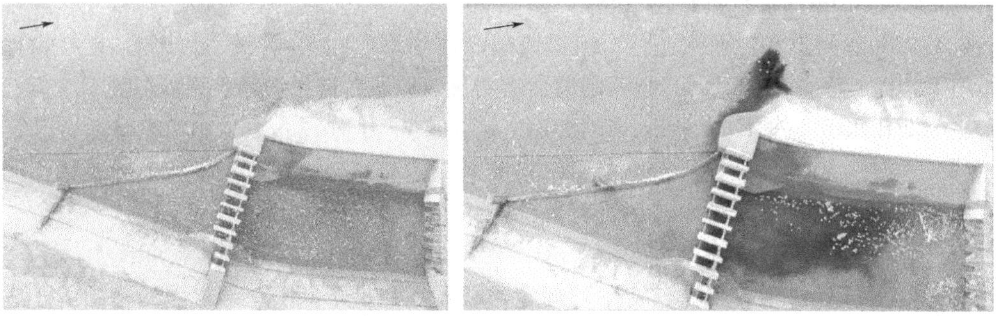

图 5.7.11　取水口下唇嘴导流平台推荐方案取水口及引水渠流态（H=0.78m）

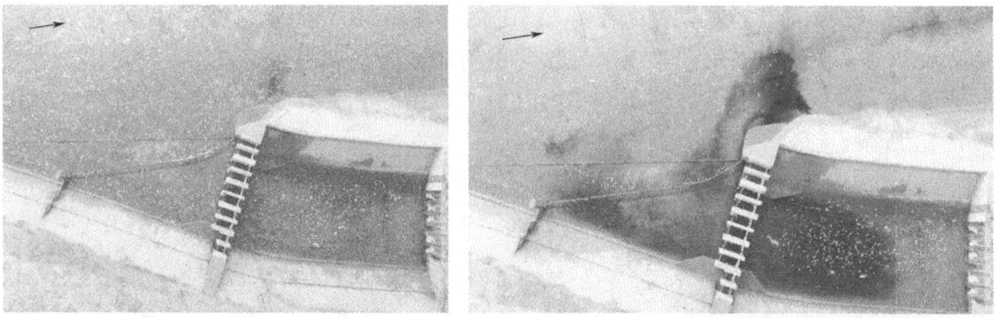

图 5.7.12　取水口下唇嘴导流平台推荐方案取水口及引水渠流态（H=3.36m）

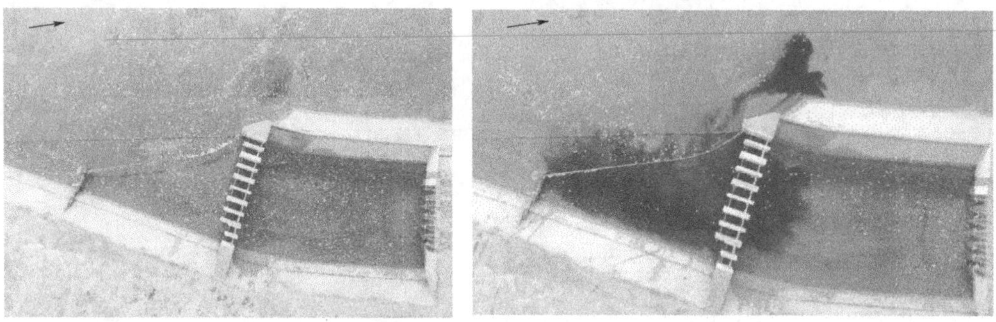

图 5.7.13　取水口下唇嘴导流平台推荐方案取水口及引水渠流态（H=6.0m）

由照片和图可见，在拦漂排、拦鱼卵浮箱、拦污闸、拦污栅设置后，通过在拦污闸左侧设置顶高程为 3.5m 的低水导流平台，可基本实现水流均匀进闸的要求，且低水导流平台对河道行洪、泥沙淤积的影响较小，且引水渠内水流平缓，同时拦漂排的设置，也将移动至取水口前端的漂浮物导入到河道内，满足泵站引水要求。

3. 上唇嘴体型调整方案的验证

在下唇嘴导流平台方案确定基础上，设计考虑右岸岸坡稳定性及用地情况，调整了右岸岸坡的坡比、上游段底坡线及连接形式。试验对调整方案进行验证。图 5.7.14 为水位 3.36m 条件下的取水口及引水渠水流流态。

由图可见，在取水口上唇嘴体型局部调整后，进闸流态基本均匀、变化较小；引水渠内基本没有变化；流态变化的区域主要发生在拦污闸前端，其回流范围减小、强度略有增加。总的来看，调整方案对泵站取水影响较小，作为推荐方案是合适的。

图 5.7.14 推荐方案取水口及引水渠水流流态（$Q=5900m^3/s$，$H=3.36m$）

三、施工图阶段推荐方案试验

取水口单体模型推荐方案试验主要对取水口附近水流流态及流速分布进行论述。

（一）取水口附近流态分析

取水口前端水流流态较为复杂，不同水深、不同时刻流态呈动态变化，本次试验对泵站设计取水流量条件下的河道典型水位的取水口附近流态进行记录与描述。各工况取水口及引水渠水流流态见图 5.7.15～图 5.7.21。

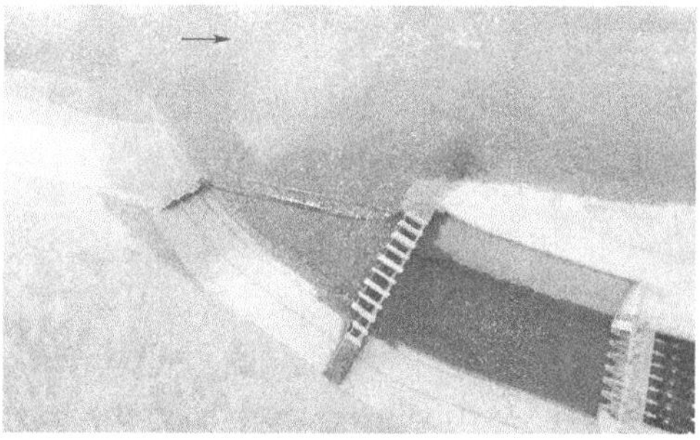

图 5.7.15 推荐方案取水口及引水渠水流流态（$Q=1920m^3/s$，$H=-0.22m$）

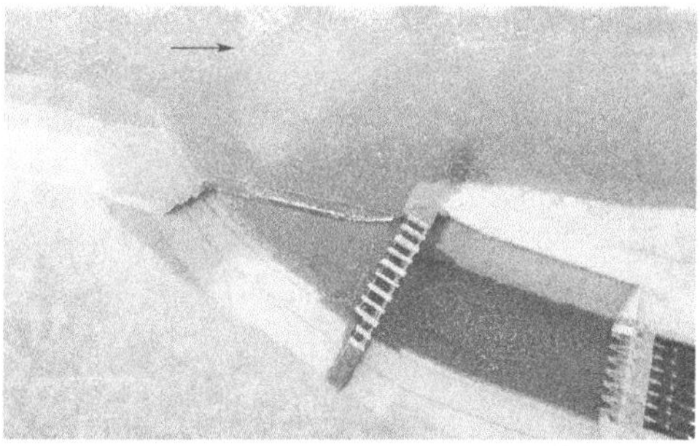

图 5.7.16 推荐方案取水口及引水渠水流流态（$Q=1920m^3/s$，$H=0.78m$）

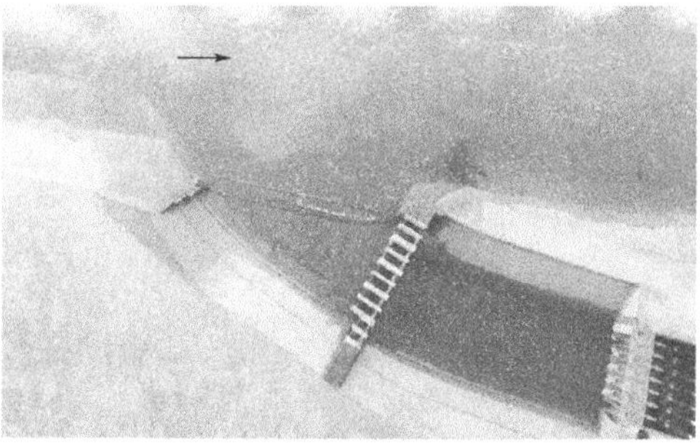

图 5.7.17 推荐方案取水口及引水渠水流流态（$Q=5900m^3/s$，$H=3.36m$）

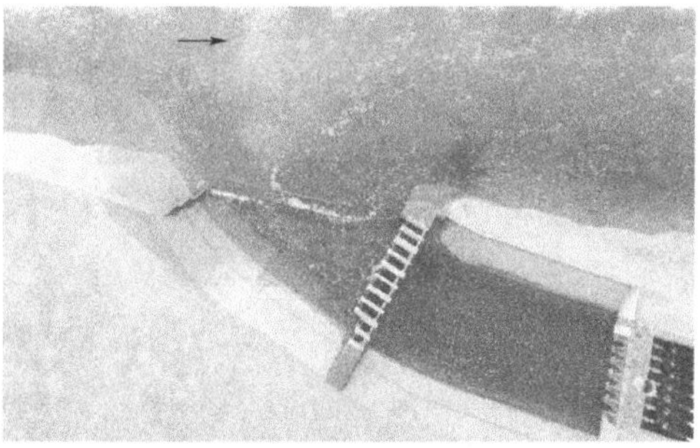

图 5.7.18 推荐方案取水口及引水渠水流流态（$Q=11300m^3/s$，$H=6.0m$）

1. 低水位工况 1 和 2

通过对工程河道水位为－0.22m 和 0.78m，河道流量为 $1920m^3/s$ 的工况进行试验可知，

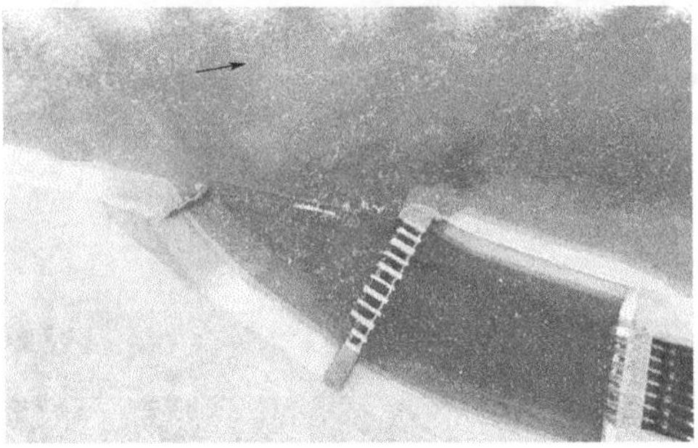

图 5.7.19　推荐方案取水口及引水渠水流流态（$Q=19100\text{m}^3/\text{s}$，$H=10.0\text{m}$）

图 5.7.20　推荐方案取水口及引水渠水流流态（$Q_{50\%}=31300\text{m}^3/\text{s}$，$H=15.48\text{m}$）

图 5.7.21　推荐方案取水口及引水渠水流流态（$Q_{20\%}=37900\text{m}^3/\text{s}$，$H=18.07\text{m}$）

河道水位低、取水流量所占河道泄流的比重大，泵站运行时，进口拦沙坎外侧开挖区上游侧基本为静水区，进入到引水渠的水体多为取水口下游右岸岸边的回流，拦污闸前端形成由下向上的弧形进闸流线，进闸流态较均匀；引水渠内流速较小，泵站前端拦沙坎附近断面流线顺直，泵站进口处无明显不利流态形成。引水渠两端拦沙坎顶部无明显跌水等不利流态。

2. 低水位工况 3

通过对工程河道水位为 3.36m ，河道流量为 $5900\text{m}^3/\text{s}$。泵站运行时，进入到引水渠的水体仍以取水口下游右岸岸边回流为主，随着河道水位抬升及拦鱼卵设施的运行，底部进流均匀，表层受拦鱼卵设施阻隔，拦污闸前端形成强度较小的横向流；引水渠内主流较均匀，引水渠末端的两岸侧为弱流区；泵站进口处无明显不利流态形成。

3. 低水位工况 4

通过对工程河道水位为 6.0m，河道流量为 $11300\text{m}^3/\text{s}$。河道水位进一步抬升后，拦污闸前端的回流区范围和强度略有增强，受拦污闸拦鱼卵设施阻隔后，近闸处表层水流较平稳，无漩涡等不利流态，引水渠内水流均匀，泵站前端水流较平稳。

4. 2 年一遇洪水以上

工程所在河道发生 2 年一遇洪水时，河道水位较高，取水量较小，进水口附近主要为局部内凹形成的回流区，回流范围和强度呈动态不规则的变化，拦污闸前端水流相对平稳，由于过闸断面较大，过闸流速较小，水流相对平稳，引水渠及泵站前端水流平稳。

综上所述，受局部河势影响，低水位取水时，进入到拦污闸的水流以拦污闸外侧的右岸回流为主，各闸孔过流量较均匀，随着河道水位抬升，过闸断面增加，过闸流速较小，整体过闸水流平稳；取水口前端的局部内凹区内为范围较大、强度较弱的动态不规则的回流区，随着河道水位抬升，回流区范围和强度略有加强；各水流条件，引水渠及泵站前端水流平顺，无不良流态；低水位时，引水渠前后拦沙坎附近无明显水面跌落。

（二）取水口附近流速分析

1. 低水位工况 1

通过对工程河道水位为−0.22m，河道流量为 1920m³/s 的工况进行试验可知，泵站按设计流量取水遭遇河道最低水位时，拦污闸前端为取水口下游右岸岸边回流的斜向流，进闸流速在 0.45～0.50m/s，左侧流速略大于右侧；引水渠内流速值在 0.35～0.44m/s，断面流速分布较为均匀，至泵站前端断面流速基本一致。

2. 低水位工况 2

通过对工程河道水位为 0.78m，河道流量为 1920m³/s 的工况进行试验可知，泵站设计运行水位时，拦污闸前端为取水口下游右岸岸边回流的斜向流，进闸流速在 0.32～0.36m/s，拦污闸各孔进水量基本均匀；引水渠内流速在 0.26～0.32m/s，至泵站前端断面流速基本一致。

3. 低水位工况 3

通过对工程河道水位为 3.36m，河道流量为 5900m³/s 的工况进行试验可知，多年河道平均水位时，进入到引水渠的水体仍以取水口下游右岸岸边回流为主，但随着河道水位抬升，进闸流速逐渐减小，试验测得拦污闸前端流速在 0.19～0.27m/s，引水渠内断面流速在 0.16～0.18m/s，断面流速分布较为均匀，对泵站取水影响较小。

4. 低水位工况 4

通过对工程河道水位为 6.0m，河道流量为 11300m³/s 的工况进行试验可知，在河道水位 9.0m 高程时，试验测得拦污闸前端流速在 0.10～0.18m/s，引水渠内断面流速在 0.11～0.13m/s，主流分布较为均匀。

5. 2 年一遇洪水

工程所在河道发生 2 年一遇洪水时，引水渠内水位高，试验观测的流速基本在 0.10m/s 以内，水面平稳。

总体来看，进入到拦污闸前端的水流以取水口下游右岸岸边回流为主，拦污闸各孔进闸流量分布较为均匀，拦污闸前最大流速在 0.45～0.50m/s，引水渠内最大流速在 0.35～0.44m/s，且随着向泵站推移，断面流速分布更加均匀，至泵站前端断面流速基本一致，对泵站取水影响较小。因此，取水推荐方案能够满足泵站运行要求。

（三）排漂效果分析

利用 2 年一遇洪水对拦漂排的排漂效果进行验证，如图 5.7.22 所示。

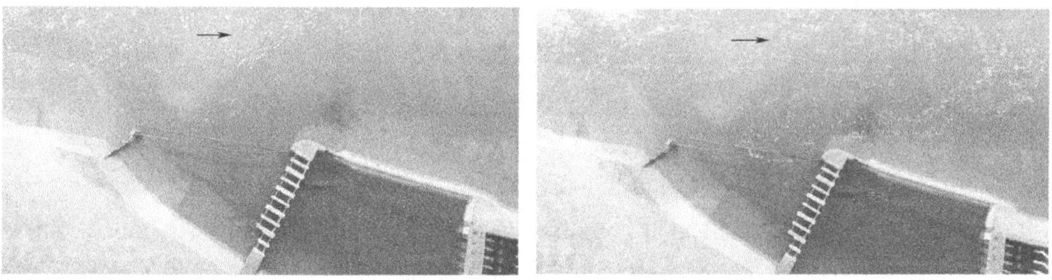

图 5.7.22（一） 拦漂排附近流态（$Q_{50\%}=31300m^3/s$，$H=15.48m$）

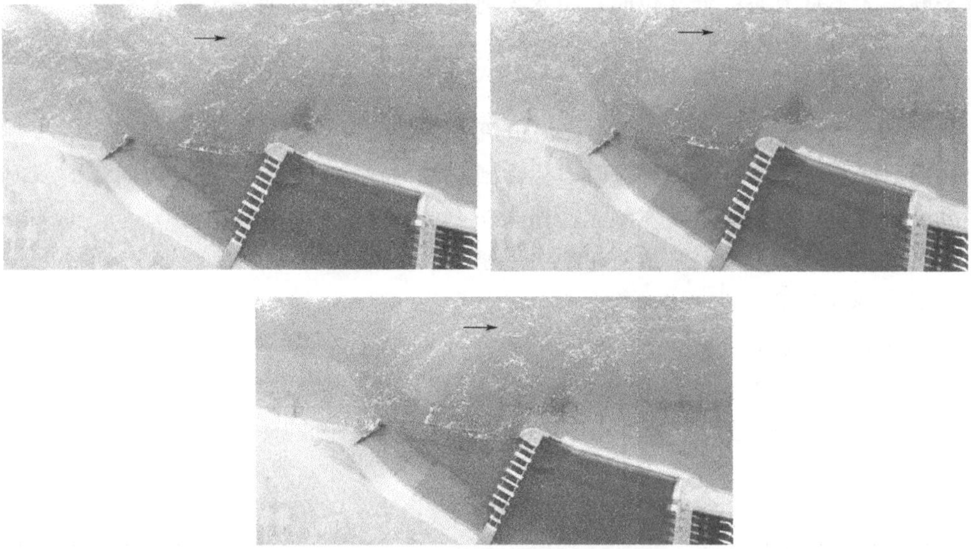

图 5.7.22（二） 拦漂排附近流态（$Q_{50\%}=31300m^3/s$，$H=15.48m$）

由照片可见，在河道高水位时，拦污闸前端形成顺时针且不稳定的回流区，上游来流挟带的表层漂浮物随回流区进入到拦漂排附近，在拦漂排作用下，小部分表层漂浮物在拦漂排附近聚集，而大部分表层漂浮物随回流进入到下游河道，在拦漂排附近聚集的漂浮物随着回流范围和强度的变化，也逐渐带离至拦漂排进入到下游河道，设计方案拦漂排对表层漂浮物具有较好的拦截作用。

（四）泵站调度

试验利用设计运行水位（0.78m）对泵站不同开启组合下的引水渠及流道进口流态进行观测，不同泵站组合引水渠流态如图 5.7.23～图 5.7.27 所示。

1. 1 台水泵运行

1～6＃水泵机组单独运行的引水渠及流道进口流态如图 5.7.23 所示。

设计运行水位引水渠水深 4.28m，1 台泵站机组运行下的引水渠断面平均流速在 0.07m/s，各机组运行引水渠流态基本一致，引水渠水流平稳，流道进口未见明显的吸气漩涡。

2. 2 台泵组运行

15 种组合试验下的引水渠及流道进口流态如图 5.7.24 所示。

设计运行水位下，2 台机组运行，引水渠内断面平均流速较小，不同组合下引水渠流态基本一致，引水渠水流平稳，流道进口未见明显的吸气漩涡，各种组合形式均满足泵站取水要求。

3. 3 台泵组运行

10 种组合试验下的引水渠及流道进口流态如图 5.7.25 所示。

设计运行水位下，3 台机组运行，引水渠内断面平均流速约为 0.2m/s，引水渠水流平稳，流道进口未见明显的吸气漩涡，不同组合泵站前沿两侧与岸坡交角处形成强度较小的回流区，回流对泵站取水影响较小，各种组合形式均满足泵站取水要求。

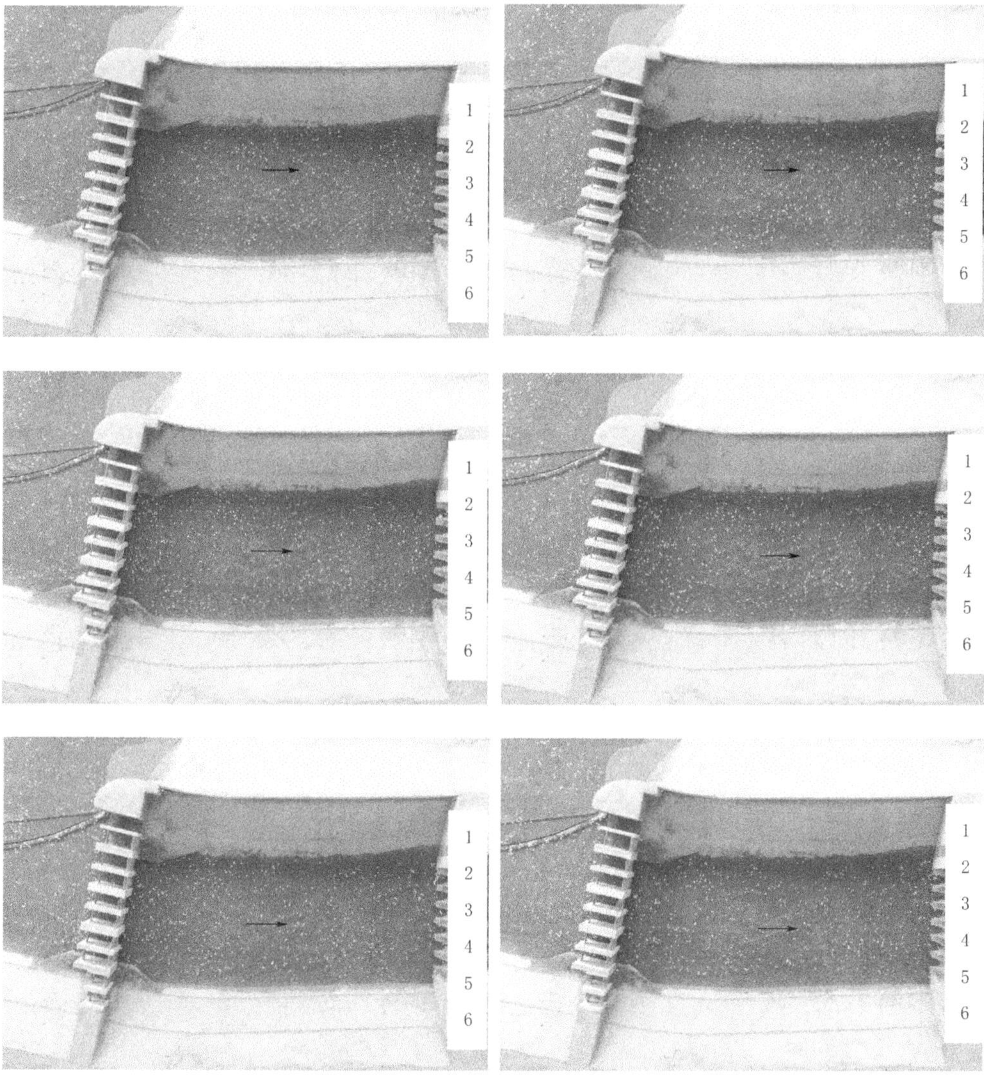

图 5.7.23　1 台机组运行（$Q_{河道}$=1920m^3/s，Q=22.0m^3/s，H=0.78m）

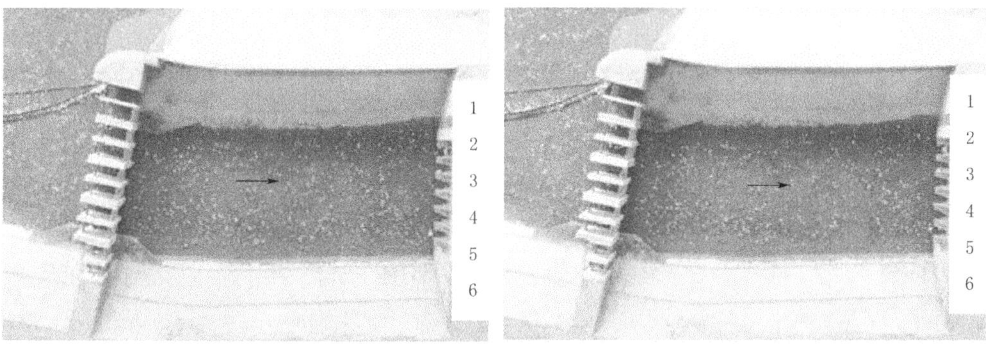

图 5.7.24（一）　2 台机组运行（$Q_{河道}$=1920m^3/s，Q=44.0m^3/s，H=0.78m）

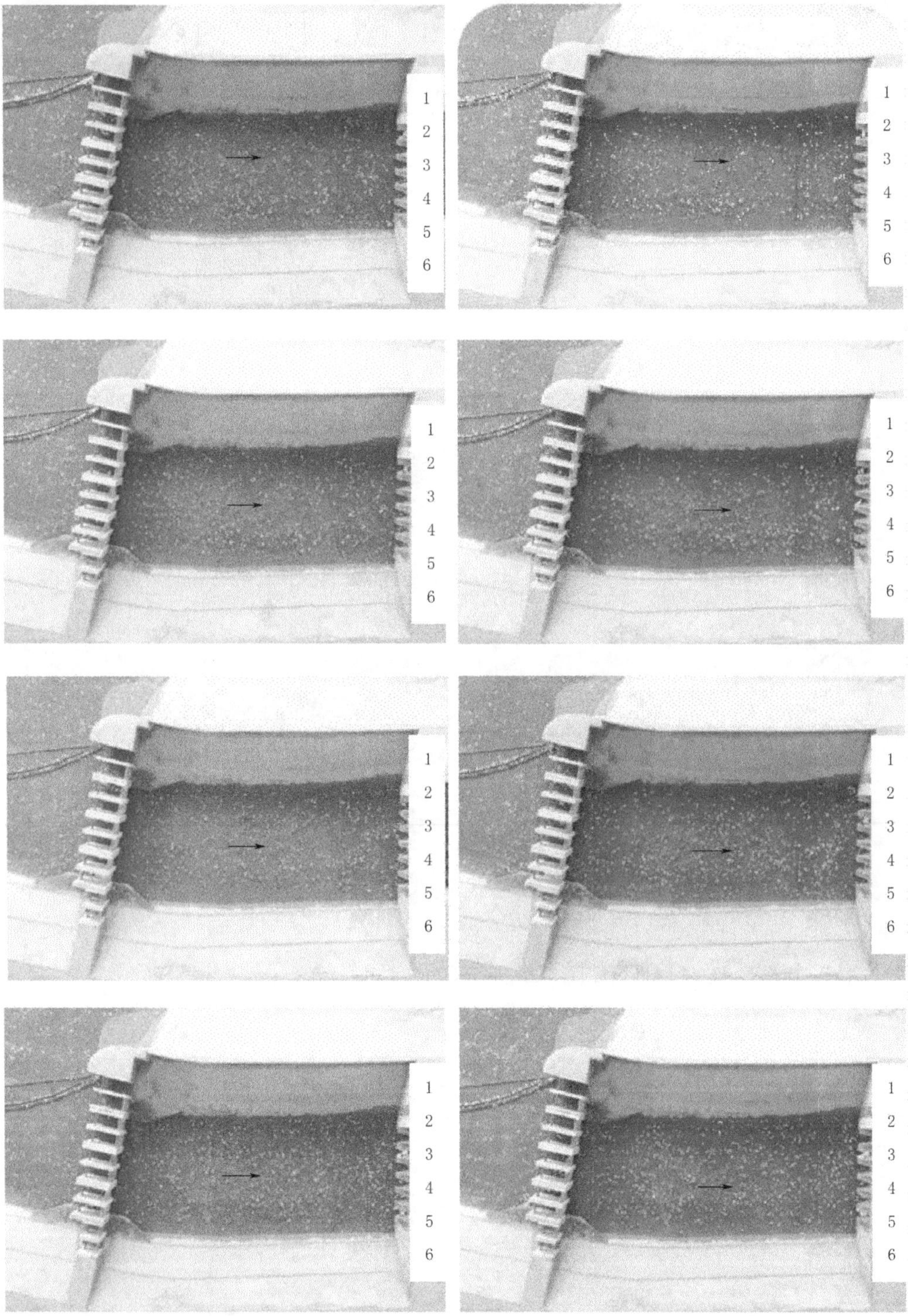

图 5.7.24（二）　2 台机组运行（$Q_{河道}=1920\text{m}^3/\text{s}$，$Q=44.0\text{m}^3/\text{s}$，$H=0.78\text{m}$）

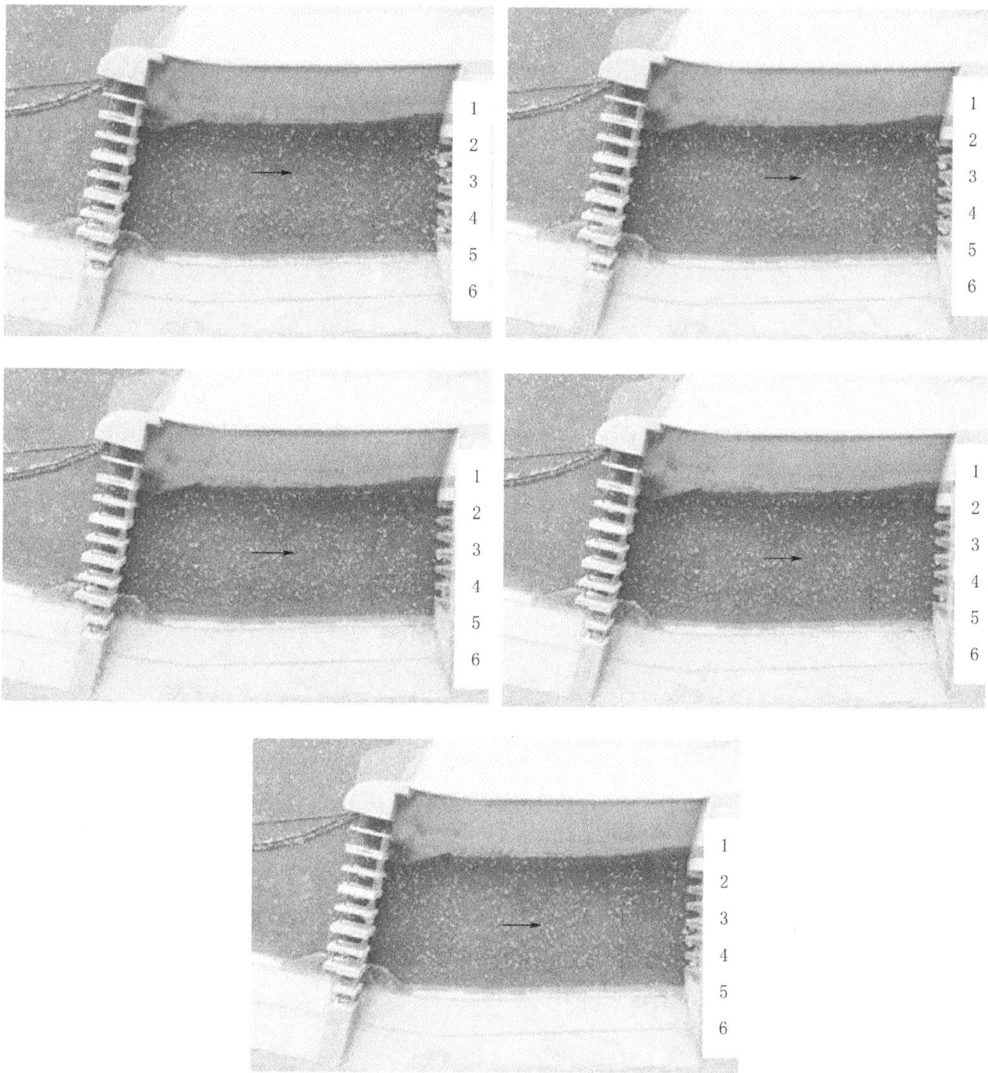

图 5.7.24（三） 2 台机组运行（$Q_{河道}=1920m^3/s$，$Q=44.0m^3/s$，$H=0.78m$）

图 5.7.25（一） 3 台机组运行（$Q_{河道}=1920m^3/s$，$Q=66.0m^3/s$，$H=0.78m$）

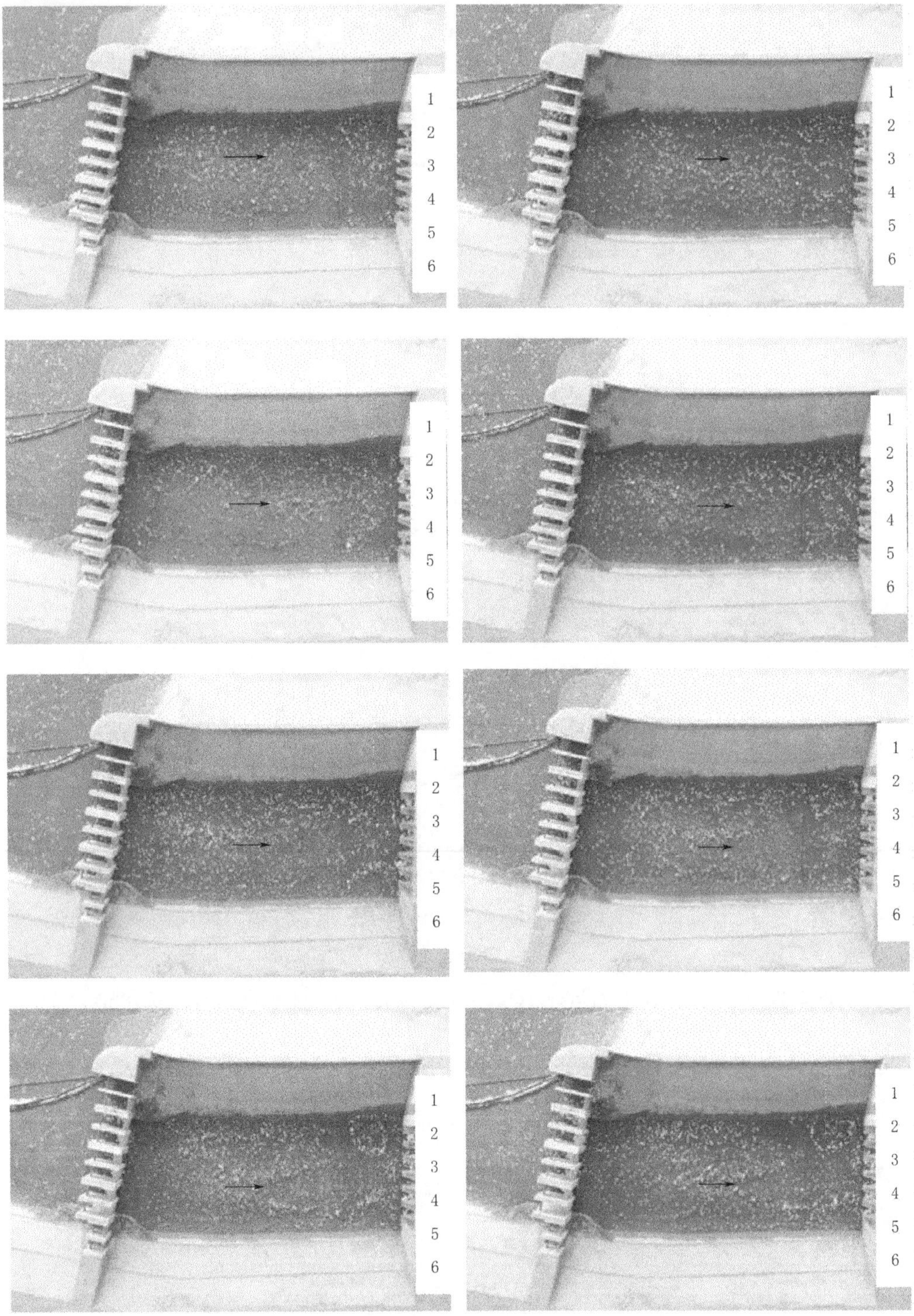

图 5.7.25（二） 3 台机组运行（$Q_{河道}=1920m^3/s$，$Q=66.0m^3/s$，$H=0.78m$）

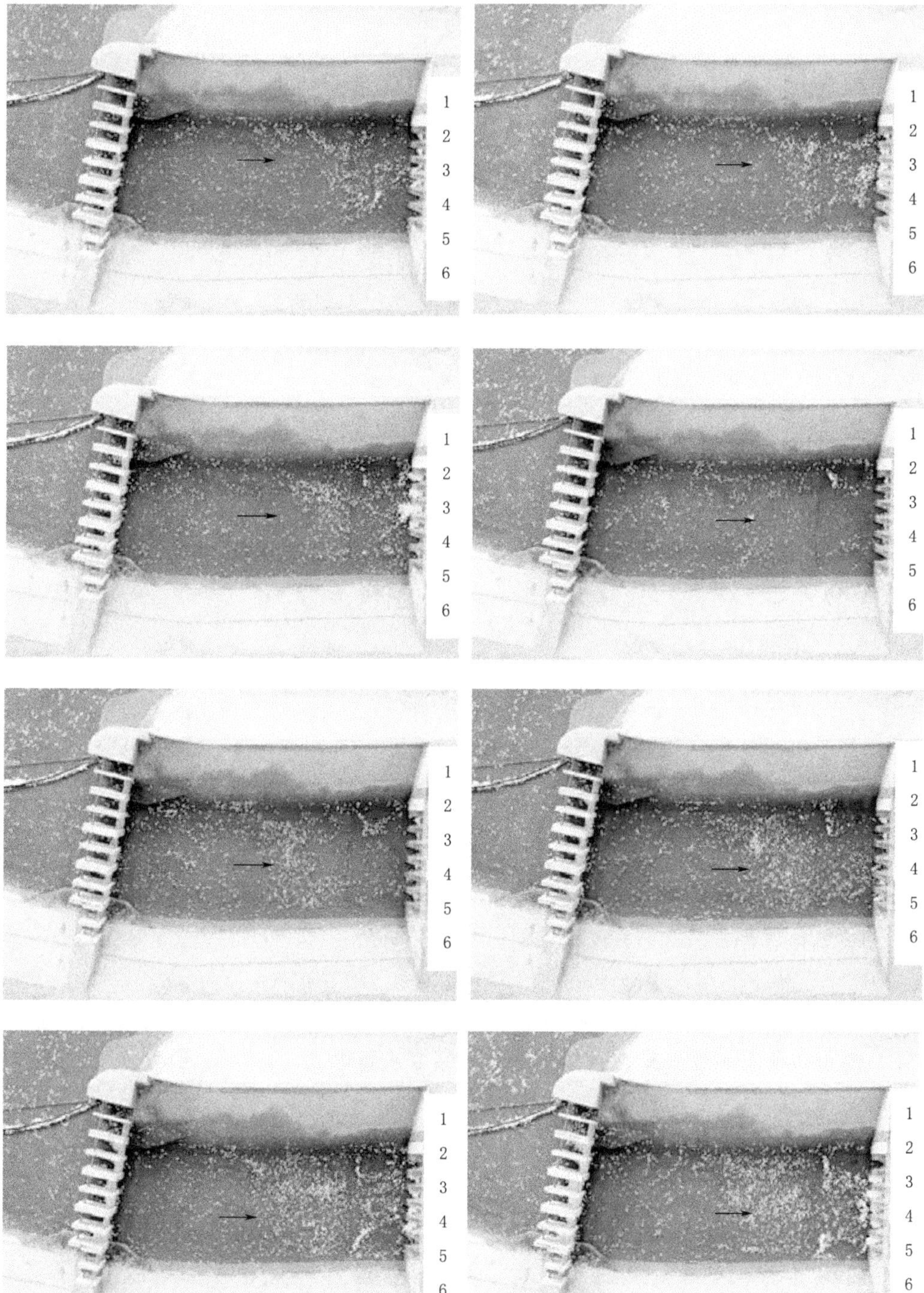

图 5.7.26　4 台机组运行（$Q_{河道}=1920\text{m}^3/\text{s}$，$Q=88.0\text{m}^3/\text{s}$，$H=0.78\text{m}$）

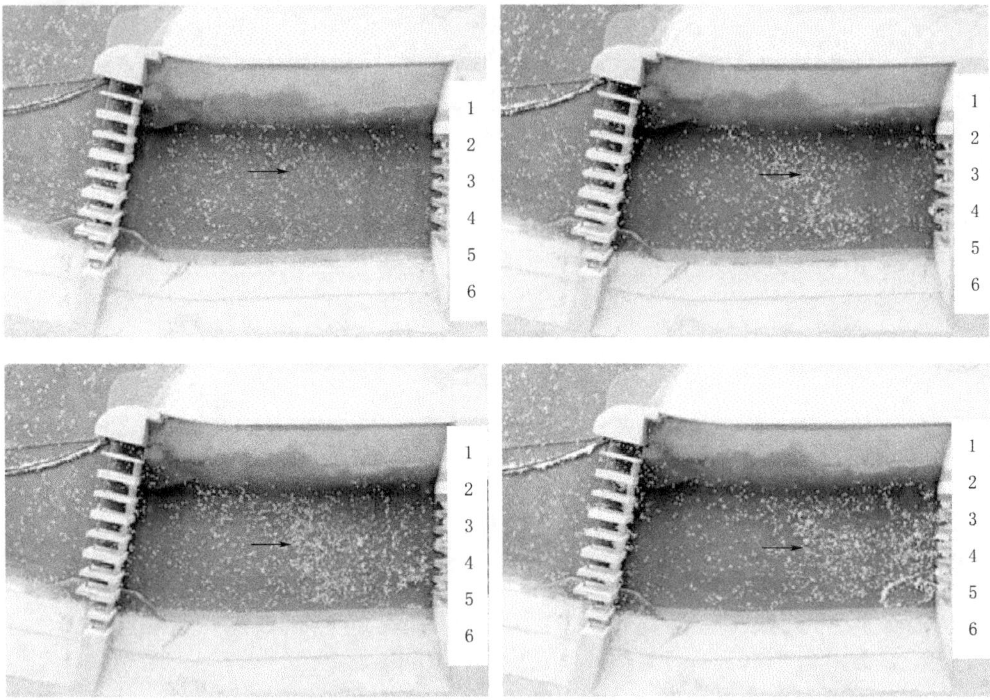

图 5.7.27 5 台机组运行（$Q_{河道}=1920\mathrm{m^3/s}$，$Q=110.0\mathrm{m^3/s}$，$H=0.78\mathrm{m}$）

4. 4 台泵组运行

8 种组合试验下的引水渠及流道进口流态如图 5.7.26 所示。

随着泵站机组运行数量的增加，引水渠断面流速逐渐增大，引水渠前部水流流线加长，引水渠后部在拦沙坎作用下，水流平缓，泵站前池水流更加均匀，各种组合形式引水渠及流道进口流态相处不大，且均能满足泵站取水要求。

5. 5 台泵组运行

4 种组合试验下的引水渠及流道进口流态如图 5.7.27 所示。

5 台泵组运行时，引水渠及泵站流道水流较均匀，无明显不利流态，各种组合形式引水渠及流道进口流态相处不大，且均能满足泵站取水要求。

6. 小结

通过对设计水位下的不同泵组组合调度的引水渠及流道进口流态观测，不同组合形式，引水渠内水流平缓，无明显的扰流、斜流，泵站前池水流流速低，未发现串气漩涡等不利流态，各种组合形式引水渠及流道进口流态相处不大，且均能满足泵站取水要求。

第八节 小 结

(1) 取水口单体水工模型：模拟范围为取水口上下游各 1.0m 的河道，采用比尺为 50 的正态模型，重点优化取水工程布置及减淤措施。整体河工模型与单体水工模型相互印证，突出重点，有效结合。

(2) 经桩柱扰流减淤方案、凸堤方案、导沙坎方案以及潜坝方案等减淤措施对比，其中，结合上游局部外凸岸坡＋连续潜坝（4 组）的导沙措施可在一定程度上减小进水渠前部和进水口前端的推移质泥沙落淤量，降低泵站因泥沙堆积而引起无法取水的风险，综合考虑西江来水来沙条件、进闸流态等因素，暂以人工清淤的方式来解决取水口前端的泥沙淤积问题，建议根据后续工程实际运行情况，再确定是否增补导沙措施。

(3) 在拦漂排、拦鱼卵浮箱、拦污闸、拦污栅设置后，通过在拦污闸左侧设置顶高程为 3.5m 的低水导流平台，可基本实现水流均匀进闸的要求，且低水导流平台对河道行洪、泥沙淤积的影响较小，引水渠内水流平缓、泵站安全取水的效果。同时拦漂排的设置，也将移动至取水口前端的表层漂浮物导入到河道内，满足泵站引水要求。

(4) 工程取水量所占河道过流量比重较小（泵站最大取水量为 $110m^3/s$，允许泵站取水的河道最小流量为 $1920m^3/s$，工程取水量占河道过流量的最大比重为 5.7%），工程前后河势变化主要集中于取水口附近水域，局部流速增加值在 0.40m/s 以内，主槽流速略有减小，减小值均在 0.05m/s 以内。最低运行水位下，取水引起的河道水位最大降低值为 0.06m，多年平均水位时，工程段水位降低 0.01m，工程运行对取水断面的河道水位及整体河势变化影响较小。

(5) 取水工程头部距航道最近距离约 560m，工程建设对通航的影响主要集中于小流量的低水位，试验测得的航道流速变化值小于 0.05m/s，水深变化值小于 0.06m，取水工程对通航的影响较小。

(6) 泵站不同机组组合，引水渠水流平稳，流道进口未见明显的吸气漩涡，均能满足泵站取水要求。

(7) 中水中沙年（2014 年水沙条件），试验测得取水口推移质泥沙淤积主要位于进口拦沙坎内外侧附近，其中拦沙坎外侧（50m 内）的－3.5m 平台推移质平均淤积厚度 0.95m，拦沙坎至拦污闸之间推移质平均淤积厚度 0.32m，引水渠推移质平均淤积厚度 0.05m。

(8) 大水大沙年（2008 年水沙条件），试验测得拦沙坎外侧（50m 以内）的－3.5m 平台推移质平均淤积厚度 1.55m，厚度自上而下逐渐减小；拦沙坎至拦污闸之间推移质平均淤积厚度 0.75m，越靠近河道侧淤积厚度越大；引水渠推移质平均淤积厚度 0.25m。大水大沙年进水口前端及引水渠前部发生一次淤满的风险较低，为保证后续工程取水安全，建议汛末加强进水口前端及引水渠前部地形观测，必要时采取人工清淤，避免发生堆积影响下一淤积周期。

参考文献

［1］ 毛革，吕忠华，沈汉堃，等．珠江流域防洪规划［R］．水利部珠江水利委员会，2007.

［2］ 胥加仕，毛革，陈枫，等，珠江流域综合规划（2012—2030年）［R］．水利部珠江水利委员会，2013.

［3］ 黄胜伟，胡晓张，刘壮添，等．珠江—西江经济带岸线保护与利用规划［R］．水利部珠江水利委员会，2019.

［4］ 黄东，黄本胜．西、北江下游及其三角洲网河河道设计洪潮水面线（试行）［R］．广东省水利厅，2002.

［5］ 中水珠江规划勘测设计有限公司．珠江流域防洪规划水文分析报告［R］．中水珠江规划勘测设计有限公司，2007.

［6］ 水利部珠江水利委员会．珠江中下游重要河道规划治导线报告［R］．水利部珠江水利委员会，2021.

［7］ 水利部珠江水利委员会．珠江流域主要水文设计成果复核报告［R］．水利部珠江水利委员会，2016.

［8］ 夏元明．河流泥沙的来源［J］．云南水力发电，1992（2）：59.

［9］ 武汉水利电力学院河流泥沙工程学教研室．河流泥沙工程学（上册）［M］．北京：水利电力出版社，1983.

［10］ SL 42—2010，河流泥沙颗粒分析规程［S］.

［11］ GB/T 6003.1—2012，试验筛 技术要求和检验 第1部分：金属丝编织网试验筛［S］.

［12］ 李涛，蒋思奇，李清珍，等．小浪底水库动床模型试验研究［M］．郑州：黄河水利出版社，2012.

［13］ 李素琼．珠江口粘性细颗粒泥沙在盐水环境中絮凝问题探讨［J］．人民珠江，1990（6）：20-25.

［14］ 中华人民共和国水利部．2022中国河流泥沙公报［R］．北京：中国水利水电出版社，2023.

［15］ 武汉水利电力学院河流泥沙工程学教研室．河流泥沙工程学（下册）［M］．北京：水利电力出版社，1983.